```
1  \uline{下划线} \\
2  \uuline{双下划线} \\
3  \dashuline{虚下划线} \\
4  \dotuline{点下划线} \\
5  \uwave{波浪线} \\
6  \sout{删除线} \\
7  \xout{斜删除线}
```

下划线
双下划线
虚下划线
点下划线
波浪线
删除线
斜删除线

彩插 1

```
1  \lettrine{T}{his} is an example.
   Hope you like this package,
   and enjoy your \LaTeX\ trip!
```

THIS is an example. Hope you like this package, and enjoy your LaTeX trip!

彩插 2

```
1  \usepackage{xcolor}
2    \definecolor{keywordcolor}{RGB}{34,34,250}
3  % 指定颜色的text
4  {\color{color-name}{text}}
```

彩插 3

表 3.6 xcolor 宏包预定义颜色

black	darkgray	lime	pink	violet	blue	gray
magenta	purple	white	brown	green	olive	red
yellow	cyan	lightgray	orange	teal		

彩插 4

```
1 {\textcolor{red!70} 百分之七十红色}\\
2 {\textcolor{blue!50!black!20!white}
3   50蓝20黑30白}\\
4 {\textcolor{-yellow}黄色的互补色}
```

百分之七十红色
50 蓝 20 黑 30 白
黄色的互补色

彩插 5

```
1 \begin{minipage}{\linewidth}
2 \begin{tabular}{l}
3 脚注示例 \footnotemark。
4 \end{tabular}
5 \footnotetext{你不需要
6   更多。}
7 \end{minipage}
```

脚注示例[11]。

———————
[11]你不需要更多。

彩插 6

鲁智深其师有偈言曰:

　　逢夏而擒, 遇腊而执。
　　听潮而圆, 见信而寂。

圆寂之后, 其留颂曰:

　　平生不修善果,
　　只爱杀人放火。忽地
　　顿开金绳, 这里扯断
　　玉锁。

　　　咦! 钱塘江上潮
　　信来, 今日方知我是
　　我。

```
1 鲁智深其师有偈言曰:
2 \begin{quote}
3 逢夏而擒, 遇腊而执。
4 听潮而圆, 见信而寂。
5 \end{quote}
6 圆寂之后, 其留颂曰:
7 \begin{quotation}
8 平生不修善果, 只爱杀人放火。
9 忽地顿开金绳, 这里扯断玉锁。
10
11 咦! 钱塘江上潮信来, 今日方知我是我。
12 \end{quotation}
```

彩插 7

```
1  泰戈尔在他的《园丁集》
2  中写道:
3  \begin{verse}
4  从你眼里频频掷来的刺激,
5  使我的痛苦永远新鲜。
6  \end{verse}
```

泰戈尔在他的《园丁集》
中写道:

　　从你眼里频频掷来
的刺激,使我的痛
苦永远新鲜。

彩插 8

```
1  这是\parbox[t]{3.5em}{一个长
2  例子},展示 \parbox[b]{4em}
3  {段落箱子的用法。}
```

　　　　　　　　段 落 箱
　　　　　　　　子 的 用
这是一个长,展示法。
　　例子

彩插 9

```
1  你看不清这些字\llap{是什么}\\
2  \rlap{这些}你也看不清
```

你看不清是什么
这些看不清

彩插 10

```
1  \textcolor{red}{红色}强调\\
2  \colorbox[gray]{0.95}{浅灰色背景}
      \\
3  \fcolorbox{blue}{cyan}{%
4  \textcolor{blue}{蓝色边框+文字,
5    青色背景}}
```

红色强调

浅灰色背景

蓝色边框 + 文字,青色背景

彩插 11

```
1  正文...
2
3  {\leftskip=3em\parindent=-1em
4  \indent
        这是第一段。注意整体需要放在
5  一组花括号内，且花括号前应当有空白行。
6  第一段前需要加 indent 命令，最后一段
7  的末尾需额外空一行，否则可能出现异常。
8
9  这是第二段。
10
11 \ldots
12
13 这是最后一段。别忘了空行。
14
15 }
```

正文...

　　这是第一段。注意整体需要放在一组花括号内，且花括号前应当有空白行。第一段前需要加 indent 命令，最后一段的末尾需额外空一行，否则可能出现异常。

这是第二段。

...

这是最后一段。别忘了空行。

彩插 12

```
1  \rowcolors{2}{green}{cyan}
2  \begin{tabular}{ll}
3  \hline Col 1 & Col 2\\
4  & A\\ \multirow{-2}*{Hey} & B\\
5  \hline
6  \end{tabular}
```

Col 1	Col 2
Hey	A
	B

彩插 13

TURING 图灵原创

简单高效

吴康隆◎著

LATEX

人 民 邮 电 出 版 社

北 京

图书在版编目（CIP）数据

简单高效 LaTeX/吴康隆著. —北京：人民邮电出版社，2020.7（2024.6重印）

ISBN 978-7-115-53440-8

Ⅰ. ①简… Ⅱ. ①吴… Ⅲ. ①排行-应用软件 Ⅳ. ①TS803.23

中国版本图书馆 CIP 数据核字（2020）第 045910 号

内 容 提 要

本书从解答为何要学习使用 LaTeX 谈起，以丰富的范例和简洁的语言，系统介绍了科学排版系统 LaTeX 的基础知识，包括章节、段落、图表、页面、注记与引用等日常排版方面的内容，以及各类数学公式与符号等方法的排版。同时，本书也单独举例介绍了较常用的工具宏包以及自定义格式模板。本书既可作为 LaTeX 入门学习者的简明教程，亦可作为 LaTeX 日常使用者的参阅手册。

本书适合数学、物理、计算机、化学、生物、工程等专业的学生、工程师和教师阅读，还适合对 LaTeX 排版感兴趣的人员阅读。

◆ 著　　　　吴康隆

责任编辑　陈兴璐

责任印制　周昇亮

◆ 人民邮电出版社出版发行　　北京市丰台区成寿寺路 11 号

邮编 100164　　电子邮件 315@ptpress.com.cn

网址 https://www.ptpress.com.cn

北京九州迅驰传媒文化有限公司印刷

◆ 开本：880×1230　1/32　　　　彩插：2

印张：5.125　　　　　　　　　2020 年 7 月第 1 版

字数：125 千字　　　　　　　　2024 年 6 月北京第 7 次印刷

定价：49.00 元

读者服务热线：(010)84084456-6009　　印装质量热线：(010) 81055316

反盗版热线：(010)81055315

广告经营许可证：京东市监广登字 20170147 号

前　　言

LATEX 作为排版工具，在学术或科技类稿件的排版中难以替代，也在常规出版物排版中占有一席之地。其最为人称道之处是，美观的数学公式排版与稳定的 PDF 输出格式。同时，LATEX 是免费开源的，经过多年的沉淀，已拥有功能丰富的宏包支持与活跃的技术社区。

可惜的是，LATEX 在国内的知名度并不高。这既因为它具有较陡峭的入门学习曲线，也因为目前国内系统性介绍 LATEX 的指导书籍十分稀少。本书旨在用简明的语言与适中的篇幅，向 LATEX 的初学者或入门者作系统性的介绍，也希望在一定程度上减少 LATEX 学习者跨语言学习的痛苦。本书分为六大部分（本书中的带 * 号章节不是 LATEX 的核心内容，读者可以自行选读）。

- **写给读者***：介绍 LATEX 背景、优缺点、适用情形。
- **LATEX 环境配置**：介绍如何从零开始配置 LATEX 使用环境。
- **LATEX 基础**：包括标点、缩进、距离、章节、字体、颜色、注释、引用、封面、目录、列表、图表、页面等内容。
- **数学排版**：包括数学符号、公式、编号等内容。
- **LATEX 进阶**：主要是自定义命令，帮助你更高效、更简洁地书写文档。
- **附录**：帮助读者快速查找内容。

此外，本书的部分内容在 GitHub 上免费开源，读者可以访问我的 GitHub 仓库（见下方），以获得相应的源文件与电子 PDF 文档。

本书撰稿始于 2015 年 4 月前后，我途中曾几度停笔甚至删稿，但

所幸最终完成了撰写。好友李锡涵对本书最先表示了肯定与支持，这
也是此书完成的主要外动力，没有他的督促，书稿甚至无法完成；好友
方意心提出了许多启发性的建议，为本书增添了不少有趣的内容；其
他在 LaTeX 学习中为我解答疑惑的同好们，也为本书许多问题提供了
巧妙的解答；出版社的有关朋友，特别是陈兴璐编辑，对本书出版给
予了充分的支持与帮助。在此，我对所有上述人员一并表示衷心的感
谢。由于内容撰写工作全部由我一人完成，限于视野，难免存在错漏
之处，恳请读者指正。如书中有任何问题，欢迎通过电子邮件向我指
出。

E-mail: wklchris@hotmail.com

GitHub: https://github.com/wklchris/Note-by-LaTeX

吴康隆

2019 年 11 月于美国加利福尼亚

目 录

第 1 章　写给读者*

我见过许多朋友在初试 LaTeX 时都感到非常不能理解，他们主要有以下几个疑问。

1. "我平常使用 Microsoft Word（以下简称 MS Word），似乎也能完成科技排版工作，为什么还需要 LaTeX ？"

   ——见 1.3 节"为什么需要 LaTeX "

2. "LaTeX 看上去不像是排版工具，更像是编程语言。我讨厌用写代码的方式来写文章。"

   ——文本文件使你更专注于内容而不是排版细节

3. "LaTeX 能生成 doc 文件吗？我平时上交作业/提交汇报时难道要使用不便修改的 pdf 文件吗？"

   ——见 1.5 节"LaTeX 生成的文件格式"

本章希望能解决读者的这些疑问，让读者对 LaTeX 有基本的了解，再决定是否需要学习。当然，如果你是被迫进入了 LaTeX 这个坑的，你也可以阅读本章，或许本章能让你喜欢上 LaTeX 呢！

1.1　什么是 LaTeX

先讲 TeX（其读音类似于"泰赫"）。

TEX 是高德纳[1] 研发的免费、开源的排版系统，其初衷是为了"改变排版界糟糕的排版技术"，并用于排版他的系列著作《计算机程序设计艺术》。

TEX 对于读者来说应该是底层的内容。如果你有兴趣，可以阅读高德纳所著的 *The TEX book*，该书是学习 TEX 最权威的材料，没有之一。本书的参考文献中还给出了学习 TEX 的其他资料。

再讲 LATEX（其读音类似于"拉泰赫"）。

LATEX 是基于 TEX 的宏[2] 集，其作者是 Lamport 博士[3]，他的姓氏开头的两个字母 La 与底层排版系统 TEX 相结合，就组成了名称 LATEX。LATEX 在 TEX 基础上定义了众多的宏命令，使得用户可以更方便地进行排版。本书的参考文献中给出了他的作品。

LATEX 现在的版本是 LATEX 2_ε，意思是指当前为 2.x 版，还没到 3.0 版。错位排版的字母 A 和字母 E 暗示了它是排版系统。在无法这样输出的场合，请写作 LaTeX 和 LaTeX 2e。

1.2　TEX 与 LATEX 的优缺点

TEX 的优点是：**稳定、精确、美观**。底层的 TEX 系统已经很多年没有进行大的变动了，因为它注重<u>稳定</u>；TEX 系统允许你以数字参数的方式把排版内容写到任意的位置，量化的参数意味着<u>精确</u>；TEX 底

---

① 高德纳（Donald Ervin Knuth，1938—　　），现代计算机科学的先驱者，斯坦福大学计算机系终身荣誉教授，图灵奖和冯·诺依曼奖得主，TEX 和 METAFONT 的发明人，同时也是业内经久不衰的系列著作《计算机程序设计艺术》（*The Art of Computer Programming*）的作者。

②"宏"（Macro）是一个计算机概念，指用单个命令或操作完成一系列底层命令或操作的组合。

③ Leslie Lamport（1941—　　），美国计算机科学家，图灵奖和冯·诺依曼奖得主。

层的空距调整机制，以及对于数学公式近乎完美的支持，则确保了排版效果的美观。

LATEX 是基于 TEX 的，自然不会抛弃 TEX 的上述优点，具体包括以下内容：

- 排版出来就是印刷品，专业而美观；
- 易用、全面的数学排版支持，无出其右；
- 撰写文档时不会被文档排版细节干扰，你可以使用之前自定义的模板，或者方便地在文字组织完毕后调整你的模板，以轻松达到满意的效果；
- 复杂的排版功能支持，比如图表目录、索引、参考文献管理、高度自定义的目录样式、双栏甚至多栏排版；
- 丰富的功能以及易寻的帮助文档，众多的 LATEX 宏包赋予了LATEX 强大的扩展功能，它们都自带文档供你学习；
- 源文件是文本文件[①]，你可以在任何设备、任何文本编辑器中书写文档内容，无须担心复制时格式的变化，最后粘贴到同一个 tex 文件中编译即可；
- 跨平台，免费，开源。

那它的缺点呢？我认为主要有以下几点：

- 入门门槛高，想要熟练地使用 LATEX 并轻松地编写有自己风格的文档，不是一两天就能够达到的；
- 并非"所见即所得"，需要编译才能看到效果，编译查错有时令人恼火；
- 完善一个自己的模板可能需要很长的时间，尽管 LATEX 原生定

---

① 文本文件的另一个优点是易于进行版本控制，比如利用 Git。你可以方便地比较上次修改了什么内容，也可以方便地恢复到之前某个时刻的版本。

义的模板能够满足绝大多数场合的需要；

- 排版长表格有些复杂，但作为补充，在表格内插入数学公式是非常简单的。

1.3 为什么需要 LaTeX

你可能基于以下原因学习 LaTeX：

- 你的投稿对象要求你使用 LaTeX 排版，而不是 MS Word——这对没听说过 LaTeX 的你来说，真是糟糕透了；
- 你需要在多个设备上撰写同一份文档，但发现在多个文档间复制粘贴内容时，格式总是会出现问题；
- 你受够了 MS Word 自带的公式编辑器，或者你觉得购买的插件 MathType 的效果不尽如人意，但你经常需要进行公式排版；
- 你想参加某个科学竞赛，比如 MCM，然后发现你的朋友用的一个叫 LaTeX 的东西似乎还不错；
- 你想出版一本书，或者投稿作品——结果他们告知你如果使用 LaTeX 而不是 MS Word 撰写原稿件，他们会更快地把作品印刷出来；
- 呃……也许，你只是喜欢学习新事物。

对于科研工作者或者在校研究生，我认为 LaTeX 是非常优秀的工具。如果你是本科生，或者属于更年轻的群体，也可以先学习 LaTeX ，因为到了研究生阶段或在以后的工作中，学习这类基础工具的时间可能就非常有限了。

1.4 MS Word 难道不优秀吗

我想说的是，**MS Word 当然是优秀的软件**，但是它与 LATEX 的定位不同，所以它们分别适用于不同的场合。前者注重简单组织内容，后者注重排版效果。

在排版书籍、科学文档方面，LATEX 非常专业，对公式的支持极佳且版式美观，几乎所有参数你都可以量化调整。如果你想高度自定义一份文件，比如拥有特殊几何、颜色元素，且易于更改模板的简历，LATEX 完全可以独当一面。在这些方面，MS Word 是无法匹敌 LATEX 的。

但是如果你只是为了生成非正式的文档，比如 1∼2 页的作业稿，或者只是一份易于别人修改的非科学稿件，比如一份需要同事修改的演讲稿，那你就无须使用 LATEX。在这些方面，LATEX 无疑是比不上 MS Word 的。

1.5 LATEX 生成的文件格式

LATEX 生成的文件格式一般是 pdf 和 dvi 格式。LATEX 无法生成 doc 或者 docx 格式的文件，因为那是微软的商用格式，两者的工作机理也完全不同。

所以很遗憾，如果你身处一个要求你"必须提交 docx"的环境中，那么 LATEX 并不是好选择。但我想指出的是，这是稳定、优秀的 pdf 格式没有得到你身处环境认可的遗憾——pdf 也可以方便地添加批注，并在不同设备上的显示更稳定。

第 2 章　LATEX 环境配置

在开始介绍 LATEX 的具体用法之前，我们先介绍 LATEX 工作环境的搭建与配置。后面若无特殊说明，均以 Windows 操作系统为例，其他操作系统的配置方法相似。因此，Mac 或 Unix 用户可以对照书中步骤，执行类似的操作以完成配置。

本书主要介绍在本地使用 LATEX，即下载 TEX Live 发行版，并配合 TEX Studio作为编辑器[1]。上述环境配置免费且简单，推荐初学者使用。

另外，读者可以参考 LaTeX-Project 网页 [2]，获取 LATEX 配置的更多信息。TUG[3] 也有中文的安装指南文档 [4]，欲深究细节的读者可以前往阅读。

2.1　LATEX 的使用方法

要使用 LATEX ，可以在本地安装它或利用在线服务。我推荐使用前者，其文档输出与功能支持往往更加稳定可靠；后者作为小型文档的在线预览或同步工具，也不失为一个选择。

---

[1] 事实上，TEX Live 自带名为 TeXworks 的编辑器，但我认为 TEX Studio更易用。
[2] LaTeX-Project 网址：https://www.latex-project.org。
[3] TUG（TEX User Group，TEX 用户组），是一个成立于 1980 年的非盈利组织，旨在为排版人员、字体人员和 TEX 用户提供交流便利。
[4] 文档网址：https://www.tug.org/texlive/doc/texlive-zh-cn/texlive-zh-cn.pdf。

2.1.1 本地使用：下载 LATEX 发行版

如果想在个人电脑的本地使用 LATEX，需要下载与安装 LATEX 发行版。请注意，安装后占用的磁盘空间将高达数吉字节（GB）。

作为推荐，此处只介绍一个强大的发行版，名为 TEX Live。Windows 或 Linux 用户可以访问 TUG 的 TEX Live 主页 http://www.tug.org/texlive/ 进行下载；Mac OS 用户则可以访问 MacTEX 发行版官网[①]，下载 Mac 版本。

以 Windows 用户为例，进入 TEX Live 主页后，点击页面上的"download"（如图 2.1 所示）进入次级页面。

图 2.1 TEX Live 官方网页

安装文件的获取方式主要有三种，读者任选其一即可。

- **在线安装（推荐）**：通过点击"install-tl-windows.exe"（见图 2.2）下载用于 Windows 系统的 TEX Live 在线安装文件。
- **下载虚拟镜像**：在主页中不点击"download"而是点击"other methods"，之后在新页面中选择"Downloading one huge ISO file"下载虚拟镜像文件；再通过加载虚拟光驱的方式，即可执行 TEX Live 安装。

---

① MacTEX官网：http://www.tug.org/mactex/。

虚拟镜像文件的优点在于其可以烧录到光盘中，下一次安装 TEX Live 时就可以使用光盘，而无须再次下载。实际上，TEX Live 每年都会更新一次，因此这一方法对于个人重装没有太大的意义；但在需要给多台电脑安装 TEX Live 时，这不失为一个可考虑的方法。

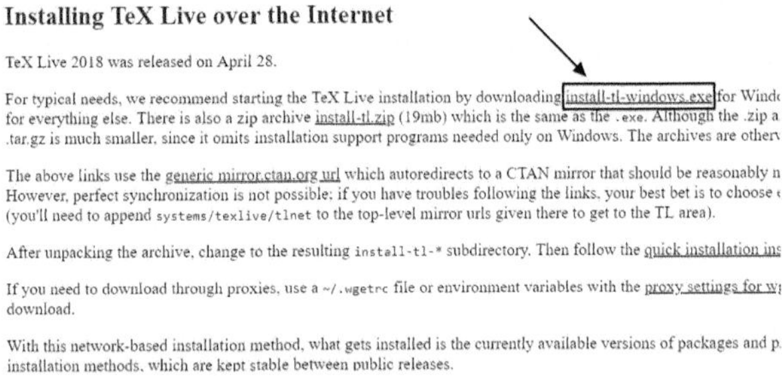

Installing TeX Live over the Internet

TeX Live 2018 was released on April 28.

For typical needs, we recommend starting the TeX Live installation by downloading install-tl-windows.exe for Windo for everything else. There is also a zip archive install-tl.zip (19mb) which is the same as the .exe. Although the .zip a .tar.gz is much smaller, since it omits installation support programs needed only on Windows. The archives are other

The above links use the generic mirror.ctan.org url which autoredirects to a CTAN mirror that should be reasonably n However, perfect synchronization is not possible; if you have troubles following the links, your best bet is to choose (you'll need to append systems/texlive/tlnet to the top-level mirror urls given there to get to the TL area).

After unpacking the archive, change to the resulting install-tl-* subdirectory. Then follow the quick installation ins

If you need to download through proxies, use a ~/.wgetrc file or environment variables with the proxy settings for wi download.

With this network-based installation method, what gets installed is the currently available versions of packages and p installation methods, which are kept stable between public releases.

图 2.2　TEX Live 下载页面

- **获取 TEX Live 光盘**：读者可以在 http://www.tug.org/store/ 页面填写购买单，要求 TUG 将光盘寄送到你的住址。此方式将花费数十美元甚至更高，故不推荐。

此外，Windows 也有 MikTEX 及其他发行版。相比于 TEX Live，它们更小巧，但功能支持难以保证。对于新手用户，体积庞大但功能齐全的 TEX Live 往往是更好的选择。

2.1.2　在线使用：在线 LATEX 网站

比较著名的在线 LATEX 网站包括 Overleaf（https://www.overleaf.com/）与 ShareLaTeX（https://cn.sharelatex.com/）。它们支持常规的宏包功能调用与文档在线预览、下载，但在线文档的排版结果与编译速度可能与本地运行有所差异。

以上网站的具体使用方法，本书不再赘述。不愿意下载庞大的 TEX 发行版的读者，可以前往这些网站进行尝试。本书中的绝大部分内容在上述网站上都可以在线编译并得到相同的结果。

2.2 TEX Live 的安装

以在线安装文件为例，请运行下载的 install-tl-windows.exe 文件，以执行安装。执行时，请注意下面两点。

- 如果要给电脑上的所有用户都安装 TEX Live，请右击安装文件，选择以管理员身份运行；如果只给当前用户安装，则无须该操作。
- 在安装前，建议关闭电脑上的杀毒软件。

打开安装文件后，将看到以下界面（见图 2.3）。建议选择"Custom install"选项，然后单击"Next"；并在下一个界面中单击"Install"。

图 2.3　TEX Live 安装界面（1）

接下来，安装文件在自配置后会弹出新窗口（见图 2.4）。初学用户可以在确认安装路径后，直接单击"安装 TeX Live"以开始安装。而更深度的用户，可以选择自己喜爱的安装方式，比如选择 scheme-medium方案以节省磁盘空间。注意，如果不确定改变选项会导致什么变化，请谨慎改动默认的选项。

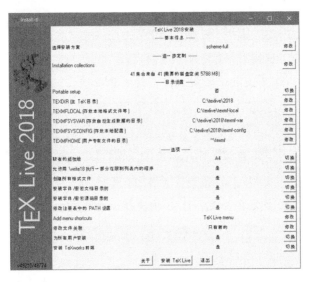

图 2.4　TeX Live 安装界面（2）

另外，由于本书将使用 TeX Studio作为编辑器，因此安装选项中的"安装 TeXworks 前端"也可以取消勾选。

单击"安装 TeX Live"开始安装后，可能需要等待数十分钟完成安装。安装完成的界面如图 2.5 所示。

安装完毕后，打开命令行（或 Win + R 组合键打开"运行"指令），输入 `latex` 以检查是否正确安装。正确安装后，上述命令会返回下述类似信息：

```
This is pdfTeX, Version 3.14159265 ... (下略)
```

一般地，TEX Live 会自动配置路径。如果上述命令没能正常执行，请将 TEX Live 执行文件的路径添加到 Windows 的 PATH 环境变量，其路径类似于 C:\texlive\2018\bin\win32。

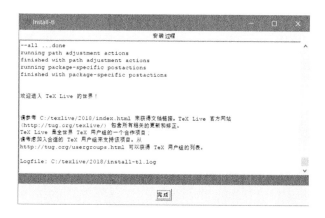

图 2.5　TEX Live 安装完成界面

2.3　TEX Live 本地宏包的管理*

TEX Live 使用 TEX Live Manager 来管理本地安装的宏包，例如缺少宏包的安装，或者已安装宏包的更新与卸载。完整安装了 TEX Live 的用户通常不需要关注宏包安装的细节。但执行了精简安装的用户，则有必要了解 TEX Live Manager 这个管理工具。

通常使用命令行（或 Win + R 组合键打开“运行”指令），输入 tlmgr-gui 来打开 TEX Live Manager 的图形化界面。利用搜索功能，选择恰当的远程库，即可对宏包执行下载安装、更新、卸载等操作。

2.4　TEX Studio的安装与配置

完成 TEX 发行版的安装之后，通常需要一个方便的编辑器来书写 LATEX。原则上，任何文本编辑器均可用来书写 LATEX；但对于普通用户而言，一个像集成开发环境一样的软件是更明智的选择。而 TEX Studio正是这样一款软件。

TEX Studio是一个开源的文本编辑器，旨在为 LATEX 用户提供便利的书写、预览、编译、跳转等功能的集成体验。用户可以前往其官网 https://www.texstudio.org/免费下载使用。

完成了 TEX Studio的安装后，将其运行。通常我们需要配置以下内容。

- **更改显示语言**。首次运行，TEX Studio的界面可能是英文的。打开菜单栏的"Options"的"Configure TeXStudio"，将"General"选项卡中的"Language"下拉列表设置为 zh_CN，即可切换到中文显示。
- **字体显示**。打开菜单栏的"选项"的"设置 TeXStudio"（该操作下文略），在"常规"选项卡中可以设置软件菜单的字体，而在"编辑器"选项卡中可以设置书写 LATEX 的字体。
- **默认编译器**。在"构建"选项卡的"默认编译器"下拉列表中，选择"XeLaTeX"作为默认选项。这是本书推荐的书写中文文档的编译器配置。
- **命令**。勾选设置窗口左下角的"显示高级设置"，在"命令"选项卡的"XeLaTeX"一栏中应有类似如下的命令：

```
xelatex.exe -synctex=1 -shell-escape-interaction=
nonstopmode "%.tex"
```

一般该项是自动配置的, 但如果 XǝLATEX编译文件时遇到问题, 请检查该命令。

- **自动补全**。对 "补全" 选项卡进行设置, 这点根据读者使用各宏包的频率而定。勾选列表中的项, 可将该宏包中的命令添加到自动补全功能中。

其他的设置请读者自行按喜好和需求配置。这里再介绍一些实用功能。

- **工具栏快捷键**。F5 键用于完全重新编译并查看, F6 键用于编译 (不更新索引), F7 键用于在右侧浏览编译的 pdf[①]。
- **跳转**。按住 Ctrl 键并在右侧 pdf 中单击文本, 左侧的编辑器视图会自动跳转到文本对应的 LATEX 位置。同理, 按住 Ctrl 键并在左侧编辑器视图中单击, 右侧的 pdf 视图会自动跳转到对应的位置。此外, 也可以单击右键, 选择 "跳转到源" 或 "跳转到 pdf" 来实现跳转。这是所有优秀 LATEX 编辑器都具有的**重要功能**。
- **工具边栏**。在 TEX Studio软件主界面的左下角, 单击 "Side Panel" 按钮可以打开边栏。边栏可以在忘记某些符号的命令时使用, 比如希腊字母或数学符号选项卡都很实用。
- **"Idefix" 菜单栏**。注释与取消注释, 缩进与取消缩进。建议为它们设置快捷键, 以便日常使用。
- **"工具" 菜单栏**。清理辅助文件。这是一个实用功能, 有时需要清除 aux 等辅助文件再重编译文档。
- **"向导" 菜单栏**。"快速开始" 可以快速设置一个文档模板, "快

---

① 该功能实际是打开了当前目录下与当前选项卡 tex 文件同名的 pdf 文件。因此, 如果使用多个 tex 文件组织文档, 只有在当前文件是主文档时才能正确打开 pdf 文件。

速 Beamer 演示"可以快速设置一个 Beamer 幻灯模板。

2.5　TEX Live 的其他使用情况

2.5.1　卸载 TEX Live

通常，TEX Live 会在"开始"菜单中创建一个名如"TeX Live 2018"的文件夹，其下有"Uninstall TeX Live"选项。如果没有，请查找系统的应用程序列表来执行卸载操作。

2.5.2　更新 TEX Live

在 Unix 系统上，可以利用脚本升级 [①]TEX Live，但通常推荐重新安装而不是升级。

在 Windows 上，没有类似的升级方法。若想更新 TEX Live，建议卸载之前的版本，再安装新的版本。

2.5.3　更快的 XƎLATEX 编译速度*

XƎLATEX 的编译速度一直饱受诟病，而利用管理员身份可以加快其速度，具体请参考 3.4.5 节。

2.6　编译文档

2.6.1　尝试第一份文稿

在配置好 TEX Studio 后，你可以在窗口中输入一篇文档，并保存为 tex 文件以进行测试。你可以输入以下内容：

---

① 更新的细节可参考：https://www.tug.org/texlive/upgrade.html。

```
1  \documentclass{ctexart}
2  \begin{document}
3      Hello, world!
4      你好，世界！
5  \end{document}
```

点击"构建并查看"按钮（或按 F5 键）进行编译。生成的 pdf 文档保存在你的 tex 文件目录中。该文档具体各行的含义，将在之后的章节介绍。

2.6.2　错误的排查

在 TEX Studio 的编辑器界面上，位于下方的日志是显示编译过程的地方。在你编译通过后，可能会出现这样的字样。

- **Errors**（**错误**）：严重的错误。一般地，编译若通过了，该项是零；如果存在错误，编译会被终止，因此生成的 pdf 文档往往是损坏的或不完整的。
- **Warnings**（**警告**）：一些不影响生成文档的瑕疵。
- **Bad Boxes**（**坏箱**）[1]：指排版中出现的长度问题，比如长度超出（Overfull）等。后面的 Badness 表示错误的严重程度，程度越高数值越大。这类问题需要检查，排除 Badness 高的选项。坏箱一般不会影响文档的生成，但是文档的排版可能出现问题。

如果你使用的编辑器并没有自带的日志窗口，你可以翻阅文件夹中的日志记录（即 log 文件），来找到 Warnings 开头的记录，或者 Overfull/Underfull 开头的记录。这些记录会指出你的问题出在哪一行（比如 line 1-2）或者在 pdf 的哪一页（比如 active [12]。注意，这个 12 表示计数器计数的页码，而不是文件打印出来的真实页数）。此外你可能还需要了解以下内容。

---

① Box（箱子）是 LATEX 中的一个特殊概念，具体将在 5.2 节中讲解。

- 由于 LATEX 的编译原理（第一次生成 aux 文件，第二次再引用它），目录想要合理显示，**需要连续编译两次**。在连续编译两次后，你会发现一些 Warnings 在第二次编译后消失。在 TEX Studio 中，你可以单击一次"构建并查看"，它会检测到文章的变化并自动决定是否需要编译两次。

- 对于大型文档，寻找行号十分痛苦。你需要学会合理地拆分 tex 文件，参阅 3.12 节的内容。

在大部分情况下，LATEX 的错误信息都能提供准确的出错位置。但在使用了复杂命令的场合，它的错误信息可能令人困惑（比如将错误指向到一个底层的文件或宏包，而不是用户撰写的文档中）。为此，对于如何减轻错误排查的负担，我有以下忠告。

- 勤编译。不要等到新增了几百行的内容，才进行一次编译，这会大大增加你的错误排查难度。我建议读者每写完一个"脆弱指令"就编译一次，以确定这个指令被正确地使用了。我认为"脆弱指令"应当包括：

  - 复杂的指令。比如行间公式、图片、表格、嵌套的环境、加入了底层 TEX 语法的命令，等等。

  - 用法不确定的指令。比如用户忘记了某命令带有几个参数，或者参数有哪些合规的取值。

  - 首次使用的自定义指令。用户对于自定义的指令可能会有种盲目的自信——如果是新指令，我建议还是测试一下为妙。

  - 带有索引与标签的指令。比如目录、链接、术语索引等。

  - 超过一定长度的文字。虽然文字段落出现语法错误的可能性很低，但也不能完全免除嫌疑：文字段落内插入的行内公式往往是错误的高发区。

- 使用带有语法高亮、自动补全的编辑器。在这方面，TeX Studio 做得相当不错了。语法高亮功能至少能帮你避免括号不匹配、只有 begin 没有 end 这类问题，而自动补全能减少错误使用命令的可能。

- 使用版本控制系统。计算机行业的读者对于版本控制系统应该比较熟悉，比如 git。把你的撰写任务分为多个里程碑（最简单的例子就是按章节）；每完成一个里程碑并编译通过，就将此时的文件提交到 git 系统。这样就算在下个里程碑前遇到难以修复的错误，你至少有截至上个里程碑且编译通过的版本。如果用户对于这部分内容无暇了解，作为代替方案，可以考虑在每个里程碑处对文件进行备份。

最后，介绍一个用于排查语法错误的宏包：**syntonly**。加载此宏包后，可以在导言区加入 \syntaxonly 命令，LaTeX 会只排查语法错误而不生成任何文档。不过该宏包似乎不太稳定。

2.6.3　TeX 帮助资源

读者可以通过以下方式学习、交流 TeX 相关的内容。

- **宏包的本地帮助文档**。使用 texdoc 命令。例如，欲学习 **ctex** 宏包的使用，可以在命令行中输入 texdoc ctex 来打开宏包文档。**宏包文档是学习宏包最可靠的方式**，尽管并不是所有宏包的文档都是中文的。

- **在线社区**。例如 Stack Exchange 上的 TeX 版块（https://tex.stackexchange.com/）。

- **其他书籍**。本书参考文献列出的均是优秀的 LaTeX 学习书籍。

2.6.4   TEX 实用工具

我推荐以下免费的 TEX 实用工具。

- **手写符号识别**。Detexify（http://detexify.kirelabs.org/classify. html）是一个有趣的网站，可以识别你手写的符号，并提供相应的 LATEX 命令。

- **公式截图识别**。Snip（https://mathpix.com/）是一个实用的软件，可以将截图的公式结果识别为相应的 LATEX 命令。

第 3 章　LaTeX 基础

3.1　认识 LaTeX

3.1.1　命令与环境

LaTeX 中的**命令**通常是由一个反斜杠加上命令名称，再加上花括号内的参数构成的（有的命令不带参数，例如：\TeX）：

```
1  \documentclass{ctexart}
```

如果一些选项是备选的，那么其通常会在花括号前用方括号标出。比如：

```
1  \documentclass[a4paper]{ctexart}
```

还有一种重要指令叫作**环境**，它是定义控制命令 \begin{environment} 和 \end{environment} 间的内容的。比如：

```
1  \begin{environment}
2  ...内容...
3  \end{environment}
```

环境如果有备选参数，只需将其写为 \begin[...]{name}。

注意：不带参数的命令后面如果想打印空格，请在一对内部为空的花括号后键入空格，否则空格会被忽略，例如：\LaTeX{} Studio。

3.1.2   保留字符

在 LaTeX 中，许多字符都有特殊含义，在生成文档时不能直接输出，例如每个命令的第一个字符：反斜杠。单独输入一个反斜杠不能正常打印反斜杠，甚至可能产生错误。LaTeX 中的保留字符有：

$$\# \quad \$ \quad \% \quad \hat{} \quad \& \quad \_ \quad \{ \quad \} \quad \backslash$$

它们的作用分别如下。

- #：自定义命令时，用于标明参数序号。

- $：数学环境命令符。

- %：注释符，其后的该行命令都会视为注释。如果在行末添加这个命令，可以防止 LaTeX 在行末插入一些奇怪的空白符。

- ^：数学环境中的上标命令符。

- &：表格环境中的跳列符。

- _：数学环境中的下标命令符。

- { 与 }：用于标记命令的必选参数，或者标记某一部分命令使其成为一个整体。

- \：用于开始 LaTeX 命令。

以上字符除了反斜杠外，均能以前加反斜杠的形式输出，即只需要键入：

$$\# \quad \$ \quad \% \quad \hat{} \quad \& \quad \_ \quad \{ \quad \}$$

唯独反斜杠的输出比较头痛，你可以这样尝试：

```
1  $\backslash$ \textbackslash
2  \texttt{\char92}
```
\ \\

其中，\char[num] 是一个特殊的命令，使用环境是 tt 字体环境，用于输出 ASCII 码对应的字符，"92" 对应的是反斜杠。你也可以用 \char` 后加字符的方式输出命令，但命令需要包裹在 \textttt 或者 \ttfamily 内。如果想输出的字符是保留字符，需要再加一个反斜杠。

- \textttt{\char`~}：输出一个波浪线。
- \textttt{\char`\\}：输出一个反斜杠。
- \textttt{\char`@}：实际上可直接输入 @。

注意，上例提及的波浪线~用来输出一个禁止在该处断行的空格，也不能直接输出。尝试下面这样：

```
1  a $\sim$ b
2  a\~ b
3  a\~{} b
4  a\textasciitilde b
```

a ∼ b a͠b a˜ b a~b

3.1.3　导言区

任何一份 LATEX 文档都应包含以下结构：

```
1  \documentclass[options]{doc-class}
2  \begin{document}
3      ...
4  \end{document}
```

其中，在语句 \begin{document} 之前的内容称为**导言区**。导言区可以留空，也可以进行一些文档的准备操作。你可以粗浅地理解为：导言区即模板定义。

文档类的参数 doc-class 和可选项 options 的取值如表 3.1 和表 3.2 所示。

表 3.1　文档类

doc-class（文档类）①	类别
article	科学期刊、演示文稿、短报告、邀请函
proc	基于 article 的会议论文集
report	多章节的长报告、博士论文、短篇书
book	书籍
slides	幻灯片，使用了大号 Scans Serif 字体

表 3.2　可选项

options（可选项）	取值
字体	默认 10 pt，可选 11 pt 和 12 pt
页面方向	默认 portrait（竖向），可选 landscape（横向）
纸张尺寸	默认 letterpaper，可选 a4paper、b5paper 等
分栏	默认 onecolumn，可选 twocolumn
双面打印	有 oneside/twoside 两个选项，用于排版奇偶页，article/report 默认单面
章节分页	有 openright/openany 两个选项，决定在奇数页或任意页开启新页。注意，article 是没有 chapter（章）命令的，默认任意页
公式对齐	默认居中；可改为左对齐 fleqn；默认编号居右，可改为左对齐 leqno
草稿选项	默认 final，可改为 draft，使行溢出的部分显示为黑块

在本书中，提及的文档类均为 report/book 类。如果有 article 类将会特别指明，其余文档类不予说明。本书排版使用了 report 类。

在导言区最常见的是**宏包**的加载工作，命令形如 \usepackage{package}。通俗地讲，宏包是指一系列已经制作好的功能"模块"，在你需要使用一些非原生 LATEX 功能时，只需调用这些宏包就可以了。比如本文的代码就是利用 listings 宏包实现的。

宏包的具体使用将在后面各部分内容中讲解。如果你想学习一个宏包的使用，按 Win+R 组合键调出运行对话框，输入 texdoc 加上宏包名称即可打开宏包 pdf 帮助文档, 例如: `texdoc xeCJK`。

3.1.4 文件输出

LaTeX 的输出一般推荐 pdf 格式, 由 LaTeX 直接生成 dvi 的方式并不推荐。

你在 tex 文档的文件夹下可能看到如下文件类型。

- .sty: 宏包文件。

- .cls: 文档类文件。

- .aux: 用于存储交叉引用信息的文件, 因此, 在更新交叉引用(公式编号、大纲级别)后, 需要编译两次才能正常显示。

- .log: 日志, 记录上次编译的信息。

- .toc: 目录文件。

- .lof: 图形目录。

- .lot: 表格目录。

- .idx: 如果文档中包含索引, 该文件用于存储索引信息。

- .ind: 索引记录文件。

- .ilg: 索引日志文件。

- .bib: BibTeX参考文献数据文件。

- .bbl: 生成的参考文献记录。

- .bst: BibTeX模板。

- .blg: BibTeX日志。

- .out: **hyperref** 宏包生成的 pdf 书签记录。

有时 LaTeX 的编译出现异常, 你需要删除文件夹下除了 tex 以外的文件再编译。此外, 在某些独占程序打开了以上的文件时(比如用 Acrobat 打开了 pdf 文件), 编译也可能出现错误。请在编译时确保关闭这些独占程序。

3.2　标点与强调

英文符号 |、<、>、+、= 一般用于数学环境，如果在文本中使用，请在它们两侧加上 $。如果你在 LATEX 中直接输入大于号、小于号而不把它们放在数学环境中，它们并不会被正确地打印。你应该使用 \textgreater、\textless 命令。

在部分科技文章中，中文的句号一般使用全角圆点"·"①，而不是平常的"。"，也不是正常的英文句点"."。这个符号很难正常输入，你可以先输入正常句点，最后再替换。

3.2.1　引号

英文单引号并不是两个 , 符号的组合。左单引号是重音符 ` （键盘上数字 1 左侧），而右单引号是常用的引号符。英文中，左双引号就是连续两个重音符。

英文下的引号嵌套需要借助 \thinspace 命令分隔，比如：``\thinspace`Max' is here.''。

中文下的单引号和双引号可以用中文输入法直接输入。

3.2.2　短横、省略号与破折号

英文的短横分为三种。

- 连字符：输入一个短横 -，效果如 daughter-in-law。
- 数字起止符：输入两个短横 --，效果如 page 1-2。
- 破折号：输入三个短横 ---，效果如 Listen—I'm serious。

中文的破折号可以直接使用日常的输入方式。中文的省略号同样。但是注意，英文的省略号使用 \ldots 这个命令，而不是三个句点。

---

① 这个标点是 U+FF0E，称为 FULLWIDTH FULL STOP。

3.2.3 强调：粗与斜

LaTeX 中有个叫作 \emph{text} 的命令，可以强调文本。对于通常的西文文本，上述命令的作用就是斜体。如果对一段已经这样转换为斜体的文本再使用这个命令，它就会取消斜体，将文本变为正体。

西文中一般采用上述的斜体强调方式而不是粗体，例如在说明书名的时候就会使用这个命令。关于字体的更多内容参考 3.4 节。

3.2.4 下划线与删除线

LaTeX 原生提供的 \underline 命令简直烂得可以，建议你使用 **ulem** 宏包下的 uline 命令，它还支持换行文本。ulem 宏包还提供了如下一些实用命令（另见彩插 1）：

```
1  \uline{下划线} \\           下划线
2  \uuline{双下划线} \\         双下划线
3  \dashuline{虚下划线} \\      虚下划线
4  \dotuline{点下划线} \\       点下划线
5  \uwave{波浪线} \\            波浪线
6  \sout{删除线} \\             删除线
7  \xout{斜删除线}              斜删除线
```

需要注意的是，**ulem** 宏包重定义了 \emph 命令。在重定义前，强调命令会对内容加斜，嵌套使用两次强调命令实际上不会强调文本；在重定义后，强调命令会对内容加下划线，嵌套使用两次强调命令则会对内容加双下划线。通过宏包的 normalem 选项可以取消这个更改：\usepackage[normalem]{ulem}。

3.2.5 其他

角度符号或者温度符号需要借助数学模式 $...$ 输入。

```
1  $30\,^{\circ}$三角形 \\
2  $37\,^{\circ}\mathrm{C}$
```
```
30°三角形
37℃
```

欧元符号可能需要用到 **textcomp** 宏包支持的 \texteuro 命令。

还有千位分隔位，比如 1\,000\,000。如果你不想它在中间断行，就在外侧再加上一个 \mbox 命令：\mbox{1\,000\,000}。

注音符号，比如 ô，常用于拼音声调，参考附录 A 的表 A.1。如果你想输入音标，请使用 **tipa** 宏包①，同样参考附录 A。也可以使用 **numprint** 或者 **siunitx** 宏包中的相关命令。

hologo 宏包可以输出许多 TEX 家族标志。其实 LʌTEX 自带了 \LaTeX、\TeX 等原生命令。本书常用到的 **hologo** 宏包命令有：

```
1  % 大写H表示符号的首字母也大写
2  \hologo{XeLaTeX} \Hologo{BibTeX}
```
```
XƎLʌTEX BIBTEX
```

3.3　格式控制

首先了解一下 LʌTEX 的长度单位。

- **pt**: point，磅。
- **pc**: pica，1 pc = 12 pt，四号字。
- **in**: inch，英寸，1 in = 72.27 pt。
- **bp**: bigpoint，大点，1 bp = $\frac{1}{72}$ in。
- **cm**: centimeter，厘米，1 cm = $\frac{1}{2.54}$ in。

---

① tipa 会重定义 \! 命令，因此请使用 \negthinspace 代替；或在 **xeCJK** 与 **amsmath** 宏包前加载，并使用 safe 选项。

- **mm**: millimeter，毫米，$1 \text{ mm} = \dfrac{1}{10} \text{ cm}$。

- **sp**: scaled point，TEX 的基本长度单位，$1 \text{ sp} = \dfrac{1}{65536} \text{ pt}$。

- **em**: 当前字号下，大写字母 M 的宽度。

- **ex**: 当前字号下，小写字母 x 的高度。

以下是两个常用的长度宏。更多的长度宏使用会在表格、分栏等章节提到。

```
1  \textwidth % 页面上文字的总宽度，即页宽减去两侧边距。
2  \linewidth % 当前行允许的行宽。
```

有时候你可以使用可变长度，比如：5 pt plus 3 pt minus 2 pt，表示一个能收缩到 3 pt 也能伸长到 8 pt 的长度。直接使用倍数也是允许的，例如：1.5\parindent 等。

我们通常使用 \hspace 和 \vspace 这两个命令控制特殊的空格，具体的使用方法参考 5.3.1 节。

3.3.1　空格、换行与分段

在 LATEX 中，多个空格会被视为一个，多个换行也会被视为一个。如果你想要禁止 LATEX 在某个空格处的换行，将空格用 ~ 命令替代即可，比如：Fig.~8。

换行方法非常简单：LATEX 会自动转行，然后在每一段的末尾，只需要输入两个回车即可完成分段。如果需要一个空白段落（实质是一个空白行），先输入两个回车，再输入 \mbox{}，最后再输入两个回车即可。此外，你也可以用 \par 来生成一个带缩进的新段。

在下划线一节的例子中已经给出了强制换行的方式，即两个反斜：\\。不过这样做的缺点在于，下一行段首缩进会消失。这个命令一般不用于正文换行。**正文中想要换行，请直接使用两个回车。**

段落之间的距离由 \parskip 控制，默认是 0pt plus 1pt。

```
1  \setlength{\parskip}{0pt plus 1pt}
```

宏包 **lettrine** 能够生成首字下沉的效果（另见彩插 2）。

```
1  \lettrine{T}{his} is an example.
   Hope you like this package,
   and enjoy your \LaTeX\ trip!
```

THIS is an example. Hope you
like this package, and enjoy
your LATEX trip!

3.3.2　分页

用 \newpage 命令开始新的一页。

用 \clearpage 命令清空浮动体队列 [①]，并开始新的一页。

用 \cleardoublepage 命令清空浮动体队列，并在偶数页开始新的一页。

注意，以上命令都是基于 \vfill 的。如果要连续新开两页，请在中间加上一个空的箱子（\mbox{}），如 \newpage \mbox{} \newpage。

3.3.3　缩进、对齐与行距

英文的每节第一段的段首允许没有缩进。对中文而言，强制段首缩进需要借助 **indentfirst** 宏包来完成。你可能还需要使用 \setlength \parindent{2em} 这样的命令来设置缩进距离。如果在段首强制取消缩进，可以在段首使用 \noindent 命令。

LATEX 默认使用两端对齐的排版方式。你也可以使用 flushleft、flushright、center 这三种环境来构造居左、居右、居中三种效果。

---

① 参见 3.8 节的内容。

特殊的 \centering 命令常常用在环境内部（或者一对花括号内部），以实现居中的效果。但请尽量用 center 环境代替这个老旧的命令。类似地还有 \raggedleft 实现居右，\raggedright 实现居左。更多的空格控制请参考 5.3.1 节。

插入制表位、悬挂缩进、行距等复杂的调整参考 5.3.1 节的内容。

3.4 字体与颜色

本节只讨论行文中的字体使用。数学环境内字体使用请参考 4.2 节的内容。

3.4.1 字族、字系与字形

字体（typeface）的概念非常令人恼火，在电子化时代，其基本上都以字体（font）作为替代的称呼。宋体、黑体、楷体属于**字族**；对应到西文就是罗马体、等宽体等。加粗、加斜属于**字系和字形**。五号、小四号属于**字号**。这三者大概可以并称为**字体**①。

3.4.2 中西文"斜体"

首先需要明确一点：汉字没有加斜体。平常我们看到的加斜汉字，通常是几何变换得到的结果，非常粗糙，并不严格满足排版要求。而真正的字形是需要精细设计的。同时，汉字字体里面也不一定有加粗体的设计。

西文一般设有加斜，但与"斜体"并不是同一回事。加斜是指某种字族的 Italy 字系；而斜体，是指 Slant 字族。在行文中表强调时使用的是前者；在 MS Word 等软件中看到的倾斜字母 I，也代表前者。

---

① 本书中的字族、字系等称呼难以找到统一标准，可能并不是准确的名称。

3.4.3　原生字体命令

LATEX 提供了基本的字体命令，如表 3.3 所示。

表 3.3　LATEX 字体命令表

字体	命令	描述
字族	\rmfamily	把字体置为 Roman 罗马字族
	\sffamily	把字体置为 Sans Serif 无衬线字族
	\ttfamily	把字体置为 Typewriter 等宽字族
字系	\bfseries	粗体 **BoldSeries** 字系属性
	\mdseries	中粗体 MiddleSeries 字系属性
字形	\upshape	竖直 Upright 字形
	\slshape	斜体 *Slant* 字形
	\itshape	强调体 *Italic* 字形
	\scshape	小号大写体 SCAP 字形

注意：如果临时改变字体，使用 \textrm、\textbf 这类命令。

字族、字系、字形三种命令是互相独立的，可以任意组合使用。但这种复合字体的效果有时候无法达到（因为没有对应的设计），比如 \scshape 字形和 \bfseries 字系。LATEX 会针对这种情况给出警告，但仍可以编译，只是效果达不到预期。

如果在文中多次使用某种字体变换，可以将其自定义成一个命令。这时请使用文本系列的命令，而不要使用字族、字系或字形系列的命令，否则需要多加一组花括号防止"泄露"。下面二者等价：

```
1  \newcommand{\concept}[1]{\textbf{#1}}
2  \newcommand{\concept}[1]{{\bfseries #1}}
```

更多自定义命令的语法请参考 5.1 节。

　　然后就是字号的命令。行文会有一个默认的"标准"字号，比如你在 documentclass 的选项中设置的 12 pt（如果你设置了的话）。LaTeX 给出了一系列"相对字号命令"，如表 3.4 所示。此外，ctex 宏包的 \zihao 命令的参数 $0 \sim 8$ 以及 $-0 \sim -8$ 表示初号到八号、小初号到小八号[①]。

表 3.4　相对字号命令表

命令	10 pt	11 pt	12 pt
\tiny	5 pt	6 pt	6 pt
\scriptsize	7 pt	8 pt	8 pt
\footnotesize	8 pt	9 pt	10 pt
\small	9 pt	10 pt	11 pt
\normalsize	10 pt	11 pt	12 pt
\large	12 pt	12 pt	14 pt
\Large	14 pt	14 pt	17 pt
\LARGE	17 pt	17 pt	20 pt
\huge	20 pt	20 pt	25 pt
\Huge	25 pt	25 pt	25 pt

　　如果你想设置特殊的字号，使用如下命令：

```
1  \fontsize{font-size}{line-height}{\selectfont <text>}
```

其中，font-size 填数字，单位是 pt。一般而言，line-height 填 \baselineskip[②]。

　　全文的默认字体使用 \rmfamily 族的字体。你可以通过重定义的方式更改它，使 \rmfamily、\textrm命令都指向新的字体，甚至把默认字体改为 sf/tt 字族。

[①] 日常使用的小四号为 12 pt，五号为 10.5 pt。
[②] 这个命令的意义是行与行之间的基线间距（即行距），默认是 1.2 倍文字高。

```
1  \renewcommand{\rmdefault}{font-name}
2  % 默认字体改为sf字族，也可用\ttdefault
3  \renewcommand{\familydefault}{\sfdefault}
4  \renewcommand{\sfdefault}{font-name}
5  % 如果你排版CJK文档，还需要更改CJK的默认字体
6  \renewcommand{\CJKfamilydefault}{\CJKsfdefault}
```

3.4.4　西文字体

LaTeX 预包含字体如表 3.5 所示（参考 http://www.tug.dk/Font Catalogue/）。

表 3.5　部分 LaTeX 西文字体

命令	字体名
cmr	Computer Modern Roman （默认）
lmr	Latin Modern Roman
pbk	Bookman
ppl	Palatino
lmss	Latin Modern Roman Serif
phv	Helvetica
lmtt	Latin Modern

以上字体可以如下面这样使用：

```
1  \newcommand{\myfont}[2]{{\fontfamily{#1}\selectfont #2}}
2  \renewcommand{\rmdefault}{ptm} % 可更改默认字体，同理可改sfdefault等
3  % 以上在导言区定义。在正文中：
4  Let's change font to \myfont{ppl}{Palatino}!
```

在 XƎLaTeX编译下，一般使用 **fontspec** 宏包来选择**本地安装**的字体。注意，该宏包可能会明显增加编译时间。

```
1  \usepackage{fontspec}
2    \newfontfamily{\lucida}{Lucida Calligraphy}
3    \lucida{This is Lucida Calligraphy}
```

该宏包的 \setmathrm/sf/tt 与 \setboldmathrm 命令可以更改数学环境中调用的字体。

另外，你也可以通过简单加载 **txtfont** 宏包，将西文字体设置为 Roman 体，同时设置好数学字体。其他的简单字体宏包还有 **cm-bright**，以及提供 Palatino 字体的 **pxfonts**，前者提供的 CM Bright 与 TEX 默认字体 Computer Modern 协调得不错。另外的字体宏包在此不再介绍。

3.4.5 中文支持与 CJK 字体

中文方面，ctex 宏包直接定义了新的中文文档类 **ctexart**、**ctexrep** 与 **ctexbook**，以及 **ctexbeamer** 幻灯文档类。例如在本书电子文档的 Head.tex 文件中：

```
1  \documentclass[a4paper, zihao=-4, linespread=1]{ctexrep}
2    \renewcommand{\CTEXthechapter}{\thechapter}
```

以上内容设置字号为小四号，行距因子为 1（故行距为 $1 \times 1.2 = 1.2$ 倍，其中 1.2 是 LATEX 默认的基线间距）。而 a4paper 选项继承于原生文档类 **report**，可见 ctex 文档类还是很好地保留了原生文档类的特征。值得注意的是，ctex 文档类会用 \CTEX 开头的计数器命令代替原有的，除非你使用 scheme = plain 来让 ctex 文档类仅支持中文而不做任何文档细节更改。具体的使用请参考 ctex 宏包文档。

ctex 宏包支持表 3.6 所示的字体命令。

表 3.6 ctex 宏包支持的字体命令

字体	命令	字体	命令	字体	命令	字体	命令
宋体	\songti	黑体	\heiti	仿宋	\fangsong	楷书	\kaishu
雅黑	\yahei	隶书†	\lishu	幼圆†	\youyuan		

† 标注了此符号的字体不受 *ubuntu* 字库支持。

再看看 XǝLíTEX 编译下的 **xeCJK** 宏包的使用。在使用 XǝLíTEX 时，如果你使用 **ctex** 文档类，它会在底层调用 **xeCJK** 宏包，所以你无须再显式地加载它。当然你也可以使用原生文档类，然后逐一汉化参数内容。

TEX Live 配合 XǝLíTEX 时，调用字体的速度非常慢。Windows 下，把 xelatex.exe 与 TeXStudio 设为管理员运行，这能大幅缩短编译用时。另外，安装新字体后，管理员输入命令 `fc-cache` 能够刷新字体缓存（很慢），有时也能改善编译用时[①]。

比如下面导言区所示：

```
1  \usepackage[slantfont,boldfont]{xeCJK}
2   \xeCJKsetup{CJKMath=true}
3   \setCJKmainfont[BoldFont=SimHei]{SimSun}
4  % 这里把SimHei直接写成中文"黑体"也可以
5  % 也可以直接通过字体文件名调用
6  % \setCJKmainfont{SourceHanSerifCN-Regular.otf}
```

其中，加载 **xeCJK** 宏包时使用了 `slantfont` 和 `boldfont` 两个选项，这表示允许设置中文的斜体和粗体字形。在 `setCJKmainfont` 命令中，`SimSun`（宋体）设置为主要字体，`SimHei`（黑体）设置为主要字体的粗体字形，即 `textbf` 或者 `bfseries` 命令的变换结果。你也可以使用 `SlantFont` 来设置它的斜体字形。

除 `setCJKmainfont`，还有 `setCJKsansfont`（对应 `\textsf`）、`setCJKmonofont`（对应 `\texttt`），以及 `setCJKmathfont`（对应数学环境下的 CJK 字体，但需要在 `xeCJKsetup` 中设置 `CJKMath=true`）。

上面提到的 `xeCJKsetup` 有下列可定制的参数，下划线为默认值。

- `CJKspace=true/`<u>`false`</u>：是否保留行文中 CJK 文字间的空格，默认忽略空格。

---

① 提供这两种方式的网页地址为：StackExchange 页面。

- CJKMath=true/<u>false</u>：是否支持数学环境 CJK 字体。如果想在数学环境中直接输入汉字，请开启该选项；否则需要将汉字写在 \textrm，或者 **amsmath** 宏包支持的 \text 命令中。

- CheckSingle=true/<u>false</u>：检查 CJK 标点是否单独占用段落最后一行。此检查在倒数二、三个字符为命令时可能失效。

- LongPunct={{------}……}：设置 CJK 长标点集，默认的只有中文破折号和中文省略号。长标点不允许在内部断行。你也可以用 += 或者 -= 号来修改 CJK 长标点集。

- MiddlePunct={{------}·}：设置 CJK 居中标点集，默认的只有中文破折号和中文间隔号（中文输入状态下按数字 1 左侧的重音符号键）。居中标点保证标点两端距前字和后字的距离等同，并禁止在其之前断行。你同样可以使用 +=/-= 进行修改。

- AutoFakeBold=true/<u>false</u>：是否启用全局伪粗体。如果启用，在 setCJKmainfont 等命令中，将用 AutoFakeBold=2 参数代替原有的 BoldFont=SimHei 参数。其中，数字 2 表示将原字体加粗 2 倍实现伪粗体。

- AutoFakeSlant=true/<u>false</u>：是否启用全局伪斜体。其用法同 AutoFakeBold 参数。

如果预定义一种 CJK 字体，可以在导言区使用如下命令。比如这里定义了宋体，后文中直接使用 \songti 来调用 SimSun 字体。

```
1  % 参数：[family]\font-switch[features]{font-name}
2  \newCJKfontfamily[song]\songti{SimSun}
```

如果要临时使用一种 CJK 字体，可使用 \CJKfontspec 命令。其中的 FakeSlant 和 FakeBold 参数根据全局伪字体的启用情况而定，如果未启用则使用 BoldFont、SlantFont 参数指定具体的字体。

```
1  {\CJKfontspec[FakeSlant=0.2,FakeBold=3]{SimSun} text}
```

对于 Windows 系统，想要获知电脑上安装的中文字体①，可使用 CMD 命令。

```
fc-list -f "%{family}\n" :lang=zh-cn
    >d:\list.txt
```

然后到 d:\list.txt 文件中查看中文字体列表。

3.4.6　颜色

使用 xcolor 宏包来方便地调用颜色，比如本书代码的蓝色（另见彩插 3）。

```
1  \usepackage{xcolor}
2    \definecolor{keywordcolor}{RGB}{34,34,250}
3  % 指定颜色的text
4  {\color{color-name}{text}}
```

xcolor 宏包预定义的颜色如表 3.7 所示。

表 3.7　xcolor 宏包预定义颜色（另见彩插4）

black	darkgray	lime	pink	violet	blue	gray
magenta	purple	white	brown	green	olive	red
yellow	cyan	lightgray	orange	teal		

还可以通过"调色"做出新的效果（另见彩插 5）。

```
1  {\textcolor{red!70} 百分之七十红色}\\
2  {\textcolor{blue!50!black!20!white}
3    50蓝20黑30白}\\
4  {\textcolor{-yellow}黄色的互补色}
```

百分之七十红色
50 蓝 20 黑 30 白
黄色的互补色

---

① 在 Windows 10 中安装字体时，请在字体文件上点击右键后选择"为所有用户安装"，而不是双击打开字体文件后直接点击安装按钮。后一种方式的安装字体可能无法被 TeX Live 检索到。

还有一些方便的颜色命令，比如带背景色的箱子，参考 5.2.9 节。

3.5　引用与注释

电子文档的最大优点在于能够使用超链接，跳转标签和目录，甚至访问外部网站。这些功能实现都需要"引用"。

3.5.1　标签和引用

使用 \label 命令插入标签（在 MS Word 中称为"题注"），然后在其他地方用 \ref 或者 \pageref 命令进行引用，分别引用标签的序号、标签所在页的页码。

```
1  \label{section:this}
2  \ref{section:this}
3  \pageref{section:this}
```

宏包 amsmath 提供了 \eqref 命令，默认效果如"(3.1)"所示，实质上是调用了原生的 \ref 命令。

但是更常用的是 hyperref 宏包。由于它经常与其他宏包冲突，一般把它放在导言区的最后。比如本书导言中：

```
1  \usepackage[colorlinks,bookmarksopen=true,
2      bookmarksnumbered=true]{hyperref}
```

宏包选项也可以以 \hypersetup 的形式另起一行书写，键值包括如下内容。

- colorlinks：默认 false，即加上带颜色的边框[①]，而不是更改文字的颜色。默认 linkcolor=red,anchorcolor=black, citecolor=green,urlcolor=magenta。

---

① 这个边框在打印时并不会打印出来。

- hidelinks：无参数，取消链接的颜色和边框。
- bookmarks：默认 true，用于生成书签。
- bookmarksopen：默认 false，是否展开书签。
- bookmarksopenlevel：默认全部展开。设置为 secnumdepth 对应的值，可以指定展开到这一级。比如对 report 指定 2，就是展开到 section 为止。
- bookmarksnumbered：默认 false，书签是否带章节编号。
- unicode：无参数，使用 UTF-8 编码时可以指定的选项。
- pdftitle：pdf 元数据：标题。
- pdfauthor：pdf 元数据：作者。
- pdfsuject：pdf 元数据：主题。
- pdfkeywords：pdf 元数据：关键字。
- pdfstartview：默认值 Fit，设置打开 pdf 时的显示方式。Fit 适合页面，FitH 适合宽度，FitV 适合高度。

如果章节标题中带有特殊内容而无法正常显示在 pdf 书签中，可以如下使用 \texorpdfstring 命令：

```
\section{质能公式\texorpdfstring{$E=mc^2$}
    {E=mc\textasciicircum 2}}
```

在加载了 **hyperref** 宏包后，可以使用的命令如下：

```
1  % 文档内跳转
2  \hyperref[label-name]{print-text}
3  \autoref{label-name} % 自动识别label上方的命令
4  % 链接网站
5  \href{URL}{print-text}
6  \url{URL} % 彩色可点击
7  \nolinkurl{URL} % 黑色可点击
```

其中，\autoref 命令会先检查 \label 引用的计数器，再检查其 autref 宏是否存在。比如图表环境会检查是否有 \figureautorefname 宏，如果有则引用之，而正常的 \ref 命令只会引用 \figure-name。表 3.8 列出了 **hyperref** 宏包支持的计数器宏（请自行插入）。

表 3.8   **hyperref** 宏包令支持的计数器宏

命令	默认值	命令	默认值
\figurename	Figure	\tablename	Table
\partname	Part	\appendixname	Appendix
\equationname	Equation	\Itemname	item
\chaptername	chapter	\sectionname	section
\subsectionname	subsection	\subsubsectionname	subsubsection
\paragraphname	paragraph	\Hfootnotename	footnote
\AMSname	Equation	\theoremname	Theorem
\page	page，但常使用 \autopageref 命令代替		

比如，通过重定义 \figureautorefname，就能用"图 3.1"的效果代替默认的"Figure 3.1"。

```
1  \renewcommand\figureautorefname{图}
```

另一个宏包 **nameref** 不满足于只引用编号，还提供了引用对象的标题内容的功能。使用 \nameref 命令可以利用位于标题下方的标签来引用标题内容。

关于页码引用，如果想要生成"第 × 页，共 × 页"的效果，可能需要借助 **lastpage** 宏包。它提供的标签 LastPage 可以保证是整个文档所有页面的最后一页（如果你自行添加标签，可能还会有后续浮动体），如下命令：

```
1  第 \thepage\ 页,
   共 \pageref{LastPage} 页
```

第 29 页，共 101 页

3.5.2　脚注、边注与尾注

1. 脚注

脚注是一种简单标注，使用方法如下所示。

```
1  \footnote{This is a footnote.}
```

在某些环境内（如表格），脚注无法正常使用。我们可以先用 \footnotemark 依次插入位置，再在 tabular/table 环境外用 \footnotetext 依次指明脚注的内容。

minipage 环境是支持脚注的，在其内部或正文内可以这样写表格脚注（另见彩插 6）。

```
1  \begin{minipage}{\linewidth}
2  \begin{tabular}{l}
3  脚注示例 \footnotemark。
4  \end{tabular}
5  \footnotetext{你不需要
     更多。}
6  \end{minipage}
```

脚注示例[11]。

---
[11]你不需要更多。

行文中切忌过多使用脚注，它会分散读者的注意力。默认情况下，脚注按章编号。脚注相关的命令如下所示。

```
1  % 在大纲或者\caption命令中使用脚注，需要加\protect
2  \caption{Title\protect\footnote{This is footnote.}}
3  % 脚注之间的距离：\footnotesep
4  % 每页脚注之上横线：\footnoterule，默认值：
5  \renewcommand\footnoterule{\rule{0.4\columnwidth}{0.4pt}}
6  % 调整脚注到正文的间距，例如：
7  \setlength{\skip\footins}{0.5cm}
```

更多内容参考 footmisc 宏包，比如其选项 perpage 可以让脚注每页重新编号。

2. 边注

LaTeX 的边注命令 \marginpar 不会进行编号。必选参数表示在页右显示边注；可选参数表示如果边注在偶数页，则边注在页左显示。例如右边这个音符：

♪

```
1   这一行有边注\marginpar[左侧]{右侧}
```

如果想要改变边注的位置，使用 \reversemarginpar 命令。此外，有关边注的长度命令 \marginparwidth/sep/push 分别控制边注的宽、 边注到正文的距离、 边注之间的最小距离。 可以使用 **geometry** 宏包来设置前两者，参考 3.9 节。

3. 尾注

尾注用于注释较长、无法使用脚注的场合，需要 **endnotes** 宏包。

3.5.3 援引环境

普通援引环境有 quote 和 quotation 两种。前者首行不缩进；后者首行缩进，且支持多段文字（另见彩插 7）。

```
1   鲁智深其师有偈言曰：
2   \begin{quote}
3   逢夏而擒，遇腊而执。
4   听潮而圆，见信而寂。
5   \end{quote}
6   圆寂之后，其留颂曰：
7   \begin{quotation}
8   平生不修善果，只爱杀人放火。
9   忽地顿开金绳，这里扯断玉锁。
10
11  咦！钱塘江上潮信来，今日方知我是我。
12  \end{quotation}
```

鲁智深其师有偈言曰：

> 逢夏而擒，遇腊而执。
> 听潮而圆，见信而寂。

圆寂之后，其留颂曰：

> 平生不修善果，只爱杀人放火。忽地顿开金绳，这里扯断玉锁。
> 咦！钱塘江上潮信来，今日方知我是我。

另外一个诗歌援引环境叫 verse，是悬挂缩进的，一般很少用到（另见彩插 8）。

```
1  泰戈尔在他的《园丁集》
2  中写道:
3  \begin{verse}
4  从你眼里频频掷来的刺激,
5  使我的痛苦永远新鲜。
6  \end{verse}
```

泰戈尔在他的《园丁集》
中写道:
　从你眼里频频掷来
　的刺激, 使我的痛
　苦永远新鲜。

3.5.4　摘要

article 和 report 文档类支持摘要，在 \maketitle 命令之后可以使用 abstract 环境。在单栏模式下，摘要相当于一个带标题的 quotation 环境，而这个标题可以通过重定义 \abstractname 更改。双栏模式下，摘要相当于 \section* 命令定义的一节。

3.5.5　参考文献

参考文献主要使用的命令是 \cite，其与 \label相似。使用 natbib 宏包可以定制参考文献标号在文中的显示方式。下面的 natbib 宏包的选项 [numbers,sort&compress,super,square] 含义为数字编号、排序且压缩、上标、外侧方括号，例如引用文献 1、3、4、5，将显示为: [1,3-5][①]。

```
1  \documentclass{ctexart}
2  % 如果是book类文档, 把\refname改成\bibname
3  \renewcommand{\refname}{参考文献}
4  \usepackage[numbers,sort&compress,super,square]{natbib}
5  \begin{document}
6  This is a sample text.\cite{author1.year1,author2.year2}
7  This is the text following the reference.
8  % "99" 表示以最多两位数来编号参考文献, 用于对齐
9  \begin{thebibliography}{99}
```

---

① 这里的 LaTeX 代码实际为: ^{\ttfamily [1,3-5]}。

```
10      \addtolength{\itemsep}{-2ex} % 用于更改行距
11      \bibitem{author1.year1}Au1. ArtName1[J]. JN1. Y1:1--2
12      \bibitem{author2.year2}Au2. ArtName2[J]. JN2. Y2:1--2
13  \end{thebibliography}
14  \end{document}
```

当然，以上只是权宜之计的书写方法。更详尽的参考文献使用（BIBTEX 方法）在 5.8 节介绍。

如果想要将参考文献章节正常编号，并加入到目录中，可以使用 **tocbibind** 宏包。注意，此时需要重命名 \tocbibname（而不是 \refname 或 \bibname）来指定参考文献章节的标题。例如下面的命令：

```
1  \usepackage[nottoc,numbib]{tocbibind}
2  \renewcommand{\tocbibname}{References}
```

该宏包可以将索引、目录本身、图表目录编入目录页。选项 nottoc 表示目录本身不编入，notlof/lot 表示图/表目录不编入，notindex 表示索引不编入，notbib 表示参考文献不编入。而选项 numindex/bib 表示给索引/参考文献章节正常编号。选项 none 表示禁用所有。

3.6　正式排版：封面、大纲与目录

3.6.1　封面

封面的内容在导言区进行定义，一般写在所有宏包、自定义命令之后，主要用到如下命令：

```
1  \title{Learning LaTeX}
2  \author{wklchris}
3  \date{text}
```

在 document 环境内的第一行写上 \maketitle，这样就能产生一个简易的封面。其中，\title 和 \author 是必须定义的，\date 如果省略，会自动以编译当天的日期为准，格式形如：January 1, 1970。如果你不想显示日期，可以写 \date{}。

标题页的脚注用 \thanks 命令完成。

3.6.2 大纲与章节

LaTeX 中，文档分为若干大纲级别，分别包括如下内容。

- \part：部分，这个大纲不会打断 chapter 的编号。
- \chapter：章，**article** 的文档类不包含本大纲级别。
- \section：节。
- \subsection：次节，默认 **report/book** 文档类中本级别及以下的大纲不进行编号，也不纳入目录。
- \subsubsection：小节，默认 **article** 文档类中本级别及以下的大纲不进行编号，也不纳入目录。
- \paragraph：段，极少使用。
- \subparagraph：次段，极少使用。

对应的命令例如：\section{第一节}。

以上各级别在 LaTeX 内部以"深度"参数作为标识。第一级别 part 的深度是 -1，以下级别深度分别是 $0, 1, \cdots$。注意，由于 **article** 文档类缺少 chapter 大纲，其 part 深度又是从 0 开始的，故其 section 及以下的深度数值与 **book/report** 文档类是一致的。

另外的一些使用技巧如下所示：

```
1  % 大纲编号到深度2，并纳入目录
2  \setcounter{tocdepth}{2}
3  % 星号命令：插入不编号大纲，也不纳入目录
4  \chapter*{序}
5  % 将一个带星号的大纲插入目录
6  \addcontentsline{toc}{chapter}{序}
7  % 可选参数用于在目录中显示短标题
8  \section[Short]{Loooooooong}
9  % 自定义章节标题名
10 \renewcommand{\chaptername}{CHAPTER}
```

book 文档类还提供了以下的命令。

- \frontmatter：前言。页码为小写罗马字母，其后的章节不编号，但生成页眉页脚和目录项。

- \mainmatter：正文。页码为阿拉伯数字，其后的章节编号，页眉页脚和目录项正常生成。

- \backmatter：后记。页码格式不变，继续计数。章节不编号，但生成页眉页脚和目录项。

关于附录 \appendix 部分的大纲级别问题不在此讨论，请参考 5.11 节。在 **book** 文档类中，附录一般放在正文与后记之间。当然你也可以在非 **book** 文档类中使用附录。关于章节样式自定义的问题，请看 5.4 节。

3.6.3 目录

目录在大纲的基础上生成，使用命令 \tableofcontents 即可插入目录。在加载了 **hyperref** 宏包后，目录可以实现点击跳转。你可以通过重定义命令更改 \contentsname，即"目录"的标题名。

```
1  \renewcommand{\contensname}{目录}
```

也可以插入图表目录,命令分别是 \listoffigures、\listof-
tables。通过重定义 \listfigurename 和 \listtablename 可以
更改图表目录的标题。如果要更改目录显示的大纲级别深度,可以如
下设置计数器:

```
1  \setcounter{tocdepth}{2} % 目录编号前2级大纲(subsection以上)
```

要将目录本身编入目录项,可使用 **tocbibind** 宏包,参考 3.5.5
节。

目录的高级自定义需要借助 **titletoc** 宏包,参考 5.5 节。

3.7　计数器与列表

3.7.1　计数器

LATEX 中的自动编号都借助内部的计数器来完成,计数器包括下
面几种。

- **章节**: part、chapter、section、subsection、subsubsection、
  paragraph 与 subparagraph。
- **编号列表**: enumi、enumii、enumiii 与 enumiv。
- **公式和图表**: equation、figure 与 table。
- **其他**: page、footnote 与 mpfootnote[①]。

可以通过 \the 接上计数器名称来调用计数器,比如 \thechap-
ter。如果只是输出计数器的数值,可以指定数值的形式,如阿拉伯
数字、大小写英文字母,或大小写罗马数字。常用的命令包括下面
几种:

---

① \mpfootnote 命令用于实现 minipage 环境的脚注。

```
1  \arabic{counter-name}
2  \Alph \alph \Roman \roman
3  % ctex文档类还支持\chinese
```

比如，本书的附录对章和节的编号进行了重定义。注意，**章的计数器包含了节**。以下的命令写在 appendices 环境中（或者 \appendix 命令后），因此其对此环境外的编号不产生影响。同理，你也可以这样对列表编号进行局部重定义。

```
1  \renewcommand{\thechapter}{\Alph{chapter}}
2  \renewcommand{\thesection}
3    {\thechapter-\arabic{section}}
4  \renewcommand{\thefootnote}{[\arabic{footnote}]}
```

计数器的命令如下所示。

```
1  % 父级计数器变化，则子级计数器重新开始计数
2  \newcounter{counter-name}[parent counter-name]
3  \setcounter{counter-name}{number}
4  \addtocounter{counter-name}{number}
5  % 计数器步进1，并归零所有子级计数器
6  \stepcounter{counter-name}
```

3.7.2 列表

LaTeX 支持的预定义列表有三种，分别是无序列表 itemize、自动编号列表 enumerate，以及描述列表description。

1. itemize 环境

请看下面这个例子。

```
1  \begin{itemize}
2    \item 第一项。
3    \item[-] 第二项。
4  \end{itemize}
```

- 第一项。
- 第二项。

每个 \item 命令都生成一个新的列表项。方括号的可选参数可以定义项目符号。默认的项目符号是圆点（\textbullet）。更多方法参考 5.7 节。

2. enumerate 环境

请看下面这个例子。

```
1  \begin{enumerate}
2   \item 第一项
3   \item[张三] 第二项
4   \item 第三项
5  \end{enumerate}
```

> 1. 第一项
> 张三　第二项
> 2. 第三项

方括号的使用会打断编号，之后的编号顺次推移。更多方法参考 5.7 节。

3. description 环境

请看下面这个例子。

```
1  \begin{description}
2   \item[LaTeX] 一个排版
      系统。
3   \item[.tex] LaTeX 文档扩展名。
4  \end{description}
```

> **LaTeX** 一个排版系统。
> **.tex** LaTeX 文档扩展名。

默认的方括号中的内容会加粗显示。更多方法参考 5.7 节。

3.8　浮动体与图表

3.8.1　浮动体

浮动体将图或表及其标题定义为整体，可以动态排版，以解决图、表在换页处造成的过长空白的问题。但有时它也会打乱你的排版意图，因此使用与否需要根据情况决定。

图片的浮动体是 figure 环境，表格的浮动体是 table 环境。请看一个典型的浮动体例子。

```
1  \begin{table}[!htb]
2      \centering
3      \caption{table-cap}
4      \label{table-name}
5      \begin{tabular}{...}
6          ...
7      \end{tabular}
8  \end{table}
```

其中，浮动体环境的参数 !htb 的含义是：! 表示忽略内部参数（比如内部参数对一页中浮动体数量的限制）；h、t、b 分别表示插入此处、插入页面顶部、插入页面底部，故 htb 表示优先插入此处，再尝试插入到页顶，最后尝试插入到页底。此外还有参数 p，表示允许为浮动体单独开一页。LaTeX 的默认参数是 tbp。请不要单独使用 htbp 中的某个参数，以免浮动体不能稳定地排版。

\caption 命令给表格加上一个标题，写在表格内容（即 tabular 环境）之前，表示标题位于表格上方。对于图片，一般此命令写在图片插入命令的下方。注意，label 命令须放在 caption 下方，否则可能出现问题。

浮动体的自调整属性可能导致它"一直找不到合适的插入位置"，然后多个浮动体需要排队（因为靠前的浮动体插入后，靠后的才能插入）。如果在生成的文档中发现浮动体丢失的情况，请尝试更改浮动参数，去掉部分浮动体，或者使用 \clearpage 命令来清空浮动队列。

如果希望浮动体不要跨过 section，可使用如下命令。

```
1  \usepackage[section]{placeins}
```

此命令实质是重定义了 \section 命令，在此之前加上了 \Float-Barrier 命令。你也可以在每个想要阻止浮动体跨过的位置上添加此命令。

3.8.2 图片

图片的插入使用 **graphicx** 宏包和 \includegraphics 命令，如下面的例子。

```
1  \begin{center}
2      \includegraphics[width=0.8\linewidth]{ThisPic}
3  \end{center}
```

其中，可选参数指定了图片宽度为 0.8 倍该行文字宽，类似地，可以使用 height（图片高）、scale（图片缩放倍数）、angle（图片逆时针旋转角度）、origin（图片旋转中心 lrctbB[①]）等命令。前三个命令不建议同时使用。旋转的图片基线会变化，故一般用 totalheight 代替 height。

至于 Thispic 这个参数的写法，因为 X LATEX 支持 pdf、eps、png 与 jpg 图片扩展名，所以你可以写带扩展名的图片名称 ThisPic.png，也可以写不带扩展名的名称。如果不给出扩展名，将按上述 4 个扩展名的顺序依次搜索文件。

1. 图片子文件夹

如果你不想把图片放在 LATEX 文档主文件夹下，可以使用下面的命令，加入新的图片搜索文件夹。

```
1  \graphicspath{{c:/pics/}{./pic/}}
```

---

① 这 6 个字母分别代表左、右、中、顶、底以及基线。

用正斜杠代替 Windows 正常路径中的反斜杠。你可以加入多组路径，每组用花括号括起，并确保路径以正斜杠结束。用 ./ 指代主文件夹路径，也可省略。

2. 含特殊字符的文件名*

如果文件名中含有特殊字符，插图命令是不需要加入反斜杠进行处理的（也就是按原文件名直接输入）。但是，图片标题的 \caption 命令需要转义。如果可以直接输入，那么可以用反斜杠进行转义；在不能显式输入的场合，\detokenize 命令可以应对。请看下面这个例子。

```
1  % 在导言区定义:
2  % \newcommand{\includegraphicswithcaption}[2][]{
3  %    \includegraphics[#1]{#2}
4  %    \caption{\detokenize{#2}}
5  % }
6  \includegraphicswithcaption[width=0.6\linewidth]{hello_world.png}
```

3. 图文混排

图文混排可参考 **wrapfig** 宏包，后面的 5.2 节即是例子。

```
1  % \usepackage{wrapfig}
2  \begin{wrapfigure}[linenum]{place}[overhang]{picwidth}
3      \includegraphics ...
4      \caption ...
5  \end{wrapfigure}
```

上面代码中各参数的含义如下所示。（1）linenum:（可选）图片所占行数，一般不指定。（2）place: 图片在文字段中的位置——R、L、I、O 分别代表右侧、左侧、近书脊、远书脊。（3）overhang:（可选）允许图片超出页面文本区的宽度，默认是 0 pt。该项可以使用 \width 代替图片的宽度，填入 \width 将允许把图片全部放入页边区域。（4）picwidth: 图片的宽度。默认情形下图片的高度会自动调整。

3.8.3　表格

LATEX 原生表格的功能非常有限，甚至不支持单元格跨行和表格跨页。但是这些问题可以通过 longtable、supertabular、tabu等宏包解决。跨行的问题只需要 multirow 宏包。下面是一个例子（没有写在浮动体中）：

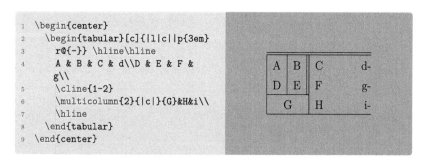

```
1  \begin{center}
2    \begin{tabular}[c]{|l|c||p{3em}
3    r@{-}} \hline\hline
4    A & B & C & d\\D & E & F &
     g\\
5    \cline{1-2}
6    \multicolumn{2}{|c|}{G}&H&i\\
7    \hline
8    \end{tabular}
9  \end{center}
```

其中各参数的说明如下。

- 可选参数**对齐方式**：[t] 表示表格上端与所在行的网格线对齐，如果同一行上有文字的话，文字是与表格上端同高的。如果使用参数 [b]，就表示下端同高。[c] 表示中央同高。（t=top，b=buttom，c=center）

- 必选参数**列格式**：用竖线符号|来表示竖直表线，连续两个|表示双竖直表线。最右边留空，表示没有竖直表线。或者你可以使用 @{} 表示没有竖直表线。你也可以用 @{-} 这样的形式把竖直表线替换成 -，具体效果不再展示。而此处的 l、c、r 分别表示从左往右一共三列，分别**左对齐**、**居中对齐**、**右对齐**文字。在使用 l、c、r 时，表格宽度会自动调整。你可以用 p{3em} 这样的命令**指定某一列的宽度**，这时文字自动左对齐。注意，单元格中的文字默认向上水平表线对齐，即竖直居上。

- 在 tabular 环境内部, 命令 \hline 绘制水平表线, 命令 \cline{i-j} 绘制横跨从 i 到 j 行的水平表线。两个连续的 \hline 命令可以画双线, 但是默认的双线与竖直表线的相交 效果比较粗糙。

- 在 tabular 环境内部, 命令 & 可让光标跳入该行下一列的 单元格。每行的最后请使用两个反斜杠命令跳入下一行。命令 \hline 或 \cline 不能算作一行, 因此它们后面没有附加换 行命令。

- 在 tabular 环境内部, 跨列命令 \multicolumn{number} {format}{text} 用于以 format 格式合并该行的 number 个单元格, 并在合并后的单元格中写入文本 text。如果一行 有了跨列命令, 请注意相应地减少 & 的数量。

在排版表格时, 一般还会加载 **array** 宏包。在 **array** 宏包支持 下, cols 参数除了 l、c、r、p{}、@{} 以外, 还可以使用下列参数。

- m{}、b{}: 指定宽度的竖直居中、居下的列。

- >{decl}、<{decl}: 前者用在 lcrpmb 参数之前, 表示该列 的每个单元格都以格式命令 decl 开头; 后者用于结尾。比如 下面的例子[1] (下例中是居中与字族命令)。

```
1  \begin{tabular}{|>{\centering\ttfamily}p{5em}
2     |>{$}c<{$}|}
3  ...
4  \end{tabular}
```

- !{symbol}: 使用新的竖直表线, 类似于原生命令 @{}。不同 之处在于, !{} 命令可以在列间保持合理的空距, 而 @{} 会使

---

① 例中的 \centering 命令后可加入 \arraybackslash, 以应对可能的表格换行 命令异常。

两列紧贴。

你甚至可以自定义 lcrpmb 之外的列参数，但需要保证是单字母，比如定义某一列为数学环境并居中。

```
1  \newcolumntype{T}{>{$}c<{$}}
```

1. array、multirow 宏包

先来看一个 array 宏包下的例子。

```
1  % 记得\usepackage{array}
2  \begin{tabular}{|>{\setlength
3    \parindent{5mm}}m{1cm}|
4    >{\large\bfseries}m{1.5cm}|
5    >{$}c<{$}|}
6    \hline A & 2 2 2 2 2 2 & C\\
7    \hline 1 1 1 1 1 1 & 10 &
      \sin x \\ \hline
8  \end{tabular}
```

然后看一个跨行跨列的例子。如果要同时跨行跨列，必须把 multirow 命令放在 multicolumn 内部。\multirow 和 \multicolumn 作用于单独的 1 行或 1 列，能临时改变某单元格的对齐方式。如果用星号代替列样式，这表示自适应宽度。

```
1  % \usepackage{multirow}
2  \begin{center}
3  \begin{tabular}{|c|c|c|}
4    \hline
5    \multirow{2}{2cm}{A Text!}
6    & ABC & DEF \\
7    \cline{2-3} & abc & def \\
8    \hline
9    \multicolumn{2}{|c|}
10     {\multirow{2}*{Nothing}} &
      XYZ \\
11   \multicolumn{2}{|c|}{} & xyz \\
12   \hline
13 \end{tabular}
14 \end{center}
```

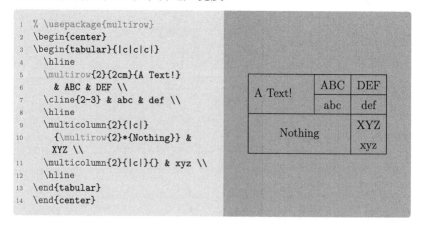

表格的第一个单词是默认不断行的，这在单元格很窄且第一个词较长时会出现问题。这可以通过下述方法解决。

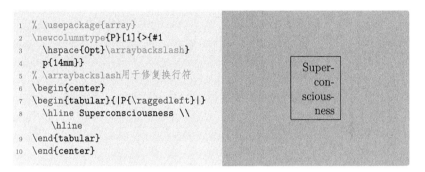

```
1  % \usepackage{array}
2  \newcolumntype{P}[1]{>{#1
3    \hspace{0pt}\arraybackslash}
4    p{14mm}}
5  % \arraybackslash用于修复换行符
6  \begin{center}
7  \begin{tabular}{|P{\raggedleft}|}
8  \hline Superconsciousness \\
     \hline
9  \end{tabular}
10 \end{center}
```

表格还可以嵌套，以方便地"拆分单元格"。注意下例中是如何确保嵌套单元格表线显示正常的。

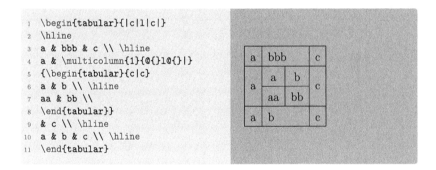

```
1  \begin{tabular}{|c|l|c|}
2  \hline
3  a & bbb & c \\ \hline
4  a & \multicolumn{1}{@{}l@{}|}
5  {\begin{tabular}{c|c}
6  a & b \\ \hline
7  aa & bb \\
8  \end{tabular}}
9  & c \\ \hline
10 a & b & c \\ \hline
11 \end{tabular}
```

另外，用 \firsthline 和 \lasthline 能够解决行内表格竖直方向对齐问题。

2. makecell 宏包

宏包 makecell 提供了一种方便在单元格内换行的方式，可以配合参数tblrc，星号表示有更大的竖直空距。此外，命令 \multirowcell 由 **multirow** 宏包与该宏包共同支持。命令 \thead 则有更小的字号，通常用于表头。

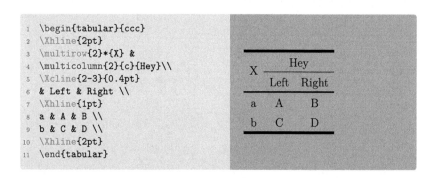

```
1  \begin{tabular}{|c|c|}
2  \hline
3  \thead{双行\\表头} &
        \thead{双行\\表头}\\
4  \hline
5  \multirowcell{2}{简单\\高效} &
        \makecell[l]{ABCD\\EF} \\
6  \cline{2-2} &
        \makecell*{更大的竖直空距} \\
7  \hline
8  \end{tabular}
```

双行 表头	双行 表头
简单 高效	ABCD EF
	更大的竖直空距

　　makecell 宏包还提供了 \Xhline 和 \Xcline 命令，可以指定横线的线宽，比如下面模仿三线表[①]的例子。

```
1   \begin{tabular}{ccc}
2   \Xhline{2pt}
3   \multirow{2}*{X} &
4   \multicolumn{2}{c}{Hey}\\
5   \Xcline{2-3}{0.4pt}
6   & Left & Right \\
7   \Xhline{1pt}
8   a & A & B \\
9   b & C & D \\
10  \Xhline{2pt}
11  \end{tabular}
```

X	Hey	
	Left	Right
a	A	B
b	C	D

3. diagbox 宏包

　　该宏包提供了分割表头的命令 \diagbox。虽然斜线表头并不是规范的科技排版内容，但是在许多场合也可能用到。\diagbox 命令支持两个参数或三个参数，分别表示将表头分割成两部分或三部分。

---

　　① 更正规的三线表绘制，参考后文的 **booktabs** 宏包。

```
1  \begin{tabular}{c|cc}
2  \diagbox{左边}{中间}{右边} & A &
     B \\
3  \hline
4  1 & A1 & B1 \\
5  2 & A2 & B2
6  \end{tabular}
```

4. 其他

关于表格的间距有如下几点内容。

- \tabcolsep 或者 \arraycolsep 控制列与列之间的间距，这取决于你使用 tabular 还是 array 环境，默认为 6 pt。
- 列格式 @ 命令能够去除列间的空距，比如 @{}。而如果将命令 \extracolsep{1pt} 作为某列 @ 命令的参数，那么其右侧的列间隔都会增加 1 pt。
- 表格内行距用 \arraystretch 控制，默认为 1。

其他的使用技巧如下所示。

- 输入同格式的列：tabular 环境的参数 |*{7}{c|}r|，相当于 7 个居中和 1 个居右。
- 表格重音：原本的重音命令 \`、\' 与 \=，改为 \a`、\a' 与 \a=。
- 控制整表宽度：**tabularx** 宏包提供 \begin{tabular*}-{width}[pos]{cols}，比如可以把 width 取值为 \0.8-\linewidth。
- 如要实现单元格内换行，使用 **makecell** 宏包支持的\makecell 命令。
- 宏包 **dcolumn** 提供了新的列对齐方式 D，并调用 **array** 宏包。故可以利用 **array** 宏包支持的命令，如下这样定义：

```
1  % 表示输入小数点、显示为小数点、支持小数点后2位
2  \newcolumntype{d}{D{.}{.}{2}}
3  % 使用 d{2} 这样的参数进行控制
4  \newcolumntype{d}[1]{D{.}{.}{#1}}
```

注意以下几点。

- 表头请用 \multicolumn1c 类似的语句进行处理。
- 第三参数不能帮你截取、舍入，只用于预设列宽；小心超宽。
- 第三参数可以是 -1，表示小数点居中；可以形如 2.1，表示在小数点左侧预留 2 位宽，右侧预留 1 位宽。

3.8.4 非浮动体图表和并排图表

如果不使用浮动体，又想给图、表添加标题，请在导言区加上以下内容。

```
1  \makeatletter
2  \newcommand\figcaption{\def\@captype{figure}\caption}
3  \newcommand\tabcaption{\def\@captype{table}\caption}
4  \makeatother
```

这部分内容是底层的 TeX 代码，在此就不多介绍了。在如上定义后，你可以在浮动体外使用 \figcaption 和 \tabcaption命令。注意，为了防止标题和图表不在一页，可以用 minipage 环境把它们包起来。

同样，如果并列排版图片，请用 minipage 把每个图包起来，指定宽度，然后放在浮动体内。注意，灵活运用 \\[10ex] 这样的命令来排版 2×2 的图片。

如果给每个图片定义小标题，可以参考 **subfig** 宏包的相关内容。这里给出一个简单的例子。

```
1  \begin{figure}
2  \centering
3  \subfloat[...]{\label{sub-fig-1}
4      \begin{minipage}
5      \centering
6      \includegraphics[width=...]{...}
7      \end{minipage}}
8  \quad\subfloat[...]
```

3.9　页面设置

3.9.1　纸张、方向和边距

页面设置主要借助 geometry 宏包。先看一张页面构成示意图，如图 3.1 所示。

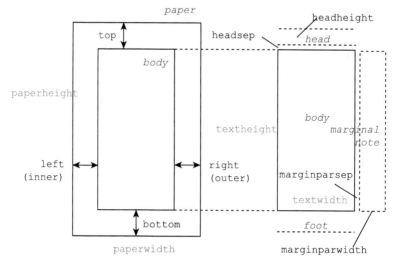

图 3.1　页面构成示意图

geometry 宏包的具体选项参数包括如下内容。

- `paper=<papername>`：纸张尺寸有 [a0–a6、b0–b6、c0–c6]paper、ansi[a–e]paper、letterpaper、executivepaper 和 legalpaper。

- `papersize={<width>,<height>}`：自定义尺寸，也可以单独对 paperwidth 或者 paperheigth 赋值。

- `landscape`：切换到横向纸张，默认的是 portrait。

- body 部分有两个区的概念：一个是总文本区（total body），另一个是主文本区（body）。总文本区由主文本区加上页眉（head）、页脚（foot）、侧页边（marginalpar）组成。默认的选项为 includehead，表示总文本区包含页眉。其他参数还有 includefoot、includeheadfoot、includemp 与 includeall，以及将以上各个参数中的 include 改为 ignore 后的参数。

- 总文本区在默认状态下占纸张总尺寸的十分之七，由 scale=0.7 控制，你也可以分别用 hscale 和 vscale 指定宽和高的占比。还可以定义具体的长度。使用 (total)width 和 (total)height 定义总文本区尺寸，用 textwidth 和 textheight 定义主文本区的尺寸[①]。或者直接用 total={width, height}、body={width, height} 定义。甚至可以用 lines=<num> 行数指定 textheight。

- 页边设置命令最为常用，我们可以用 left/inner、right/outer、top、bottom 来定义页边的四向。其中，inner、outer 参数只在文档的 twoside 参数启用时才有意义。你可以用 hmarginratio 来给定 left(inner) 与 right(outer) 页边宽的比例，默认比例是单页 1 : 1、双页 2 : 3。top 和 bottom

---

① 当 totalwidth 和 textwidth 都定义时，优先采用后者的值。

之间的比例由 vmarginratio 给定。你也可以用 vcentering、
hcentering、centering 来指定页边比例为 1:1。在文档的
左侧（内侧），可以指定装订线宽度 bindingoffset，使页边
预备这部分宽度。

- 页眉和页脚是位于 top 和 bottom 页边之内的文档元素。页眉和页脚的高度，分别使用 headheight/head、footskip/foot 参数指定。hmargin、vmargin 来指定两侧和顶底的边距。页眉和页脚到主文本区的距离参数分别是 headsep、footnotesep、marginparsep。你可以用 nohead、no-foot、nomarginpar 参数来清除总文本区中的页眉、页脚和侧页边。

某些在文档类 documentclass 中使用的参数，在 geometry 宏包中也能使用，比如 twoside、onecolumn、twocolumn。**geometry**还能用文档类中不能用的 columnsep（启用多栏分隔线）。

最后，请看一个小例子。

```
1  % 与Microsoft Word的默认样式相同:
2  \usepackage[hmargin=1.25in,vmargin=1in]{geometry}
3  % 书中靠书脊一侧的边距较小:
4  \usepackage[inner=1in,outer=1.25in]{geometry}
```

3.9.2 页眉和页脚

页眉和页脚的控制主要借助 fancyhdr 宏包。LaTeX 中的页眉、页脚定义主要借助了两个命令。一个是 \pagestyle，参数有如下这些。

- empty：无页脚、页眉。
- plain：无页眉，页脚只包含一个居中的页码。
- headings：无页脚，页眉包含章/节名称与页码。

typ‑

- myheadings：无页脚，页眉包含页码和用户定义的信息。

另一个命令是 \pagenumbering，其与计数器一样，拥有 arabic、[Rr]oman、[Aa]lph 五种页码形式。

fancyhdr 宏包给出了一个叫 fancy 的 \pagestyle，其将页眉和页脚分为左中右三个部分，分别叫 \lhead、\chead 与 \rhead，以及类似的 [lcr]foot。页眉、页脚处的横线粗细也可以定义，默认页眉为 0.4 pt，页脚为 0 pt。下面是一个例子。

```
1  \usepackage{fancyhdr}
2  \pagestyle{fancy}
3     \lhead{}
4     \chead{}
5     \rhead{\bfseries wklchris}
6     \lfoot{Leftfoot}
7     \cfoot{\thepage}
8     \rfoot{Rightfoot}
9  \renewcommand{\headrulewidth}{0.4pt}
10 \renewcommand{\footrulewidth}{0.4pt}
```

加载这个宏包，更多地是为了解决双页（twoside）文档的排版问题。对于双页文档，**fancyhdr** 宏包给出了一套新的指令：用 E 和 O 分别表示单数页和双数页，L、C、R 表示左中右，H 和 F 分别表示页眉和页脚，其中，H、F 需要配合 \fancyhf 命令使用。如果不使用 H、F 这两个参数，也可以用 \fancyhead、\fancyfoot 两个命令代替。一个新的例子如下：

```
1  \fancyhead{} % 清空页眉
2     \fancyhead[RO,LE]{\bfseries wklchris}
3  \fancyfoot{} % 清空页脚
4     \fancyfoot[LE,RO]{Leftfoot}
5     \fancyfoot[C]{\thepage}
6     \fancyfoot[RE,LO]{Rightfoot}
```

fancyhdr 宏包在定义双页文档时，采用了如下的默认设置：

```
1  \fancyhead[LE,RO]{\slshape \rightmark}
2  \fancyhead[LO,RE]{\slshape \leftmark}
3  \fancyfoot[C]{\thepage}
```

上例中的 \rightmark 表示较低级别的信息，即当前页所在的 section，形式如 1.2 sectionname，如果文档类是 **article**，则显示 subsectionname；而 \leftmark 表示较高级别的信息，即对应的 **chapter**，如果文档类是 **article**，则显示 sectionname。命令 \left-mark 包含了页面上 \markboth[1] 下的最后一条命令的左参数，比如该页上出现了 section 1–2，那么 leftmark 就是 Section 2；命令 \rightmark 则包含了页面上的第一个 \markboth 命令的右参数或者第一个 \markright 命令的唯一参数，比如可能是 Subsection 1.2。

这听起来可能难以理解。\markboth 命令有两个参数，分别对应显示在文档的左页和右页（但是默认右参数留空，用 \markright 指定右页），故有左右之分；而 \markright 命令只有一个参数。你可以再去理解一下双页文档下的宏包的默认设置。利用这一点来重定义 chaptermark（book/report）、sectionmark、subsec-tionmark（article）命令，如下例子：

```
1  % 这里的参数#1是指输入的section/chapter的标题
2  % 效果："1.2. The section"
3  \renewcommand{\sectionmark}[1]{\markright{\thesection.\ #1}}
4  % 效果："CHAPTER 2. The chapter"
5  \renewcommand{\chaptermark}[1]{\markboth{\MakeUppercase{%
6  \chaptername}\ \thechapter.\ #1}{}}
```

如果你对默认的\pagestyle不满意，可以用\fancypagestyle 命令更改，例如更改 plain 页面类型：

---

① \markboth是一个会被\chapter等命令调用的命令，默认右参数是空。注意，带星号的大纲不调用这一命令，你需要这样书写：\chapter*{This\markboth{This}{}}。

```
1  \fancypagestyle{plain}{
2    \fancyhf{} % 清空页眉页脚
3    \fancyhead[c]{\thesection}
4    \fancyfoot{\thepage}}
```

3.10   抄录与代码环境

抄录是指键盘输入的字符（包括保留字符和空格）不经过 TEX 解释，直接输出到文档。默认的字体参数是等宽字族（ttfamily）。用法是 \verb(*) 命令或者 verbatim(*) 环境，区别在于带星号的命令会将空格以 ␣（\textvisiblespace）的形式标记出来。

注意，\verb 命令是一个特殊的命令，可以用一组花括号括住抄录内容，也可以用两个非星号 * 的相同符号括住抄录内容。下面是使用竖线 | 和加号 + 的例子：

```
1  \verb|fooo{}bar|
2  \verb+fooo{}bar+
```

\verb(*) 以及 verbatim(*) 环境很脆弱，不能隐式地用于自定义环境，一般也不能用作命令的参数。**verbatim** 宏包提供了更多的抄录支持，**fancyvrb** 宏包提供了 \SaveVerb、\UseVerb 命令，以及便于实现居中的 BVerbatim 环境（置于 center 环境内即可），详情请读者自行查阅。

宏包 **shortverb** 支持以一对符号代替 \verb 命令，比如竖线号：

```
1  % \usepackage{shortverb}
2  \MakeShortVerb|
3  Verbatim between this pair of verts: |#\?*^|
```

代码环境的输出，比如本书中带行号的代码块，参见 5.13 节。

3.11 分栏

这部分内容使用文档类的 `twocolumn` 可选参数就能实现。 在 LaTeX 的双栏模式下，`\newpage` 命令只能进行换栏操作，而 `\clearpage` 命令才会进行换页操作。同时，文中随时可以使用 `\twocolumn` 或者 `\onecolumn` 命令执行换页、清空浮动队列，并切换分栏模式。在双栏上方的跨栏内容，如摘要，可以写在 `\twocolumn[...]`可选参数中。

栏之间的间距由 `\column-sep` 控制。栏宽为 `\columnwidth`,但请不要手工修改这个值。 它可以被用作参数传递给其他命令。 栏之间的分隔线宽由长度 `\columnseprule` 给出， 默认值为 0 pt，一般可以将其设置为 0.4 pt。

如果同一页内需要分栏与单栏并存，或者想要分成多栏，可以尝试使用 **multicol** 宏包。它提供一个支持任意多栏，但是边注和浮动体[①]无法使用的环境，比如下面内容：

```
1  \begin{multicols}{2}
2    [\section{分栏}]
3    ...

4  \end{multicols}
```

同时，该宏包会对齐每一栏的下边缘； 在该环境下， 使用 `\columnbreak` 来强制切换到新的一栏。还需要指出的是，该宏包并不保证各栏每行的网格都是对齐的。如果要对齐网格，可以参考 **grid** 宏包。

---

① 带星号的浮动体或许可以使用，如 `figure*`,但参数 h 会失效。

3.12　文档拆分

文档拆分只需要在主文件中使用 \input 命令，或者 \include 命令，后者不写扩展名时默认扩展名为 tex。两者区别在于，\include 命令会先插入 \clearpage 另起一页，再读取文件。

拆分的优势在于可以根据 chapter（或其他）将文档分为多个文件，这除去了长文档浏览时的一些不便。你也可以把整个导言区做成一个文件，然后在不同的 LATEX 文档中反复使用，即将其充当模板。你还可以把较长的 tikz 绘图代码写到一个 tex 中，在需要时使用 \input 即可。

在导言区定义 \includeonly 加上 filename，可以确保只引入列表中的文件。在被引入文件的最后加入 \endinput 命令，其后的内容会被忽略。

我们看看一种较规范的拆分文件的文件头，以本书章节放在次级目录中为例：

```
1  % !TEX root = ../LaTeX-cn.tex
```

3.13　西文排版及其他

3.13.1　连写

LATEX 排版以及正规排版中，如果你输入 ff、fl、fi、ffi 等内容，它们会默认连写。在字母中间插入空白的箱子以强制不连写，比如 f\mbox{}l。

3.13.2 断词

行末的英文单词太长，LATEX 就会以其音节断词。如果你想指定某些单词的断词位置，可使用如下命令：

```
1  \hyphenation{Hy-phen-a-tion FORTRAN}
```

上面这个例子允许 Hyphenation、hyphenation 在短横处断词，同时**禁止** FORTRAN、Fortran、fortran 断词。如果你在行文中加入 \- 命令，则可以实现在对应位置断词的效果，比如下面例子对长单词设置了多个断词位置：

```
1  I will show you this:
2  su\-per\-cal\-i\-frag\-i\-lis\-%
3  tic\-ex\-pi\-al\-i\-do\-ciou。
```

I will show you this: supercali-fragilisticexpialidociou。

如果你不想断词，比如电话号码，可巧妙利用 \mbox 命令：

```
1  My telephone number is: \mbox{012 3456 7890}
```

3.13.3 硬空格与句末标点

如果要在某个不带参数的命令后输入空格，请接上一对空的花括号，以确保空格能够正常输出，例如，\TeX{} Live。

在 LATEX 中还有一个命令 \␣，用于产生一个硬空格（区别于软空格 \space），所以你也可以用 \TeX\␣Live。

西文排版下，LATEX 会判断一种**句末标点**，即小写字母后的 .、? 或者 ! 三个英文标点。句末标点后如果键入空格，LATEX 会自动增加空格的距离。如果句子以大写字母结尾，LATEX 会认为这是人名而不增加空格，这时候需要手动添加命令 \@。

```
1  OK. That's fine.\\
2  OK\@. That's fine.
```
OK. That's fine.
OK. That's fine.

相反，有些**句中标点**会被识别为句末标点，这时候需要在标点后插入一个 \␣ 或者 ~ 来缩小间距。区别在于前者允许断行，后者不允许。

```
1  Prof. Smith is a nice man.\\
2  Prof.~Smith is a nice man.
```
Prof. Smith is a nice man.
Prof. Smith is a nice man.

在标点后使用 \frenchspacing 命令，空距可以调整为极小。这个命令在排版参考文献列表时可能被使用。

在 X⅁LATEX编译模式下的中文字符，与西文或者符号之间会产生默认的空距 ①。如果你不想要这个空距，把中文放在 \mbox 内即可，比如：

```
1  \mbox{例子}-1
```
例子-1

3.13.4　特殊符号

符号的总表可以参照附录B 中 symbols-a4 文档，运行 texdoc symbols-a4 即可调出此文档。包括希腊字母在内的一些数学符号将会在下一章介绍。这里给出基于 **wasysym** 宏包的一些常用符号，如表 3.9 所示。

表 3.9　wasysym 宏包符号

符号	命令	符号	命令	符号	命令
‰	\permil	♂	\male	♀	\female
✓	\checked	⊠	\XBox	☑	\CheckedBox
✳	\hexstar	☎	\phone	♪	\twonotes

---

① 这个问题在 **ctex** 文档类下似乎已解决。

第 4 章　数 学 排 版

4.1　行内与行间公式

行内公式指将公式嵌入到文段的排版方式，要求公式垂直距离不能过高，否则影响排版效果。行内公式的书写方式如下：

```
1  $...$ 或者 \(...\) 或者 \begin{math}...\end{math}
```

一般推荐前两种方式，例如 `$\sum_{i=1}^{n}a_i$`，即 $\sum_{i=1}^{n} a_i$。

另外一种公式排版方式是**行间公式**，也称行外公式，使用如下：

```
1  \[...\] 或者 \begin{displaymath}...\end{displaymath}
2  或者 amsmath 提供的 \begin{equation*}...\end{equation*}
```

一般推荐第一种命令[①]，例如 `\[\sum_{i=1}^n{a_i}\]`，得到：

$$\sum_{i=1}^{n} a_i$$

从上面的两个例子可以看出，即使输出相同的内容，行内和行间的排版也还是有区别的，比如累加符号上标是写在正上方还是写在右上角。

如果行间公式需要编号，则需使用 equation 环境[②]，还可以插入如下标签：

---

① 还有一种 `$$...$$` 的写法，源自底层 TeX，不建议使用。
② 需要注意，有一个已被放弃的多行公式编号环境叫eqnarray，请不要再使用。

```
1  \begin{equation}
2  \label{eq:NoExample}
3   |\epsilon|>M
4  \end{equation}
```

$$|\epsilon| > M \tag{4.1}$$

4.2　空格、字号与数学字体

4.2.1　空格

在数学环境中，行文空格在排版时会被忽略，比如 x,y 和 x, y 并没有区别。数学环境拥有独特的空格命令，如下例所示：

```
1  $没有空格,3/18空\,格$ \\
2  $4/18空\:格,5/18空\;格$ \\
3  $9/18空\ 格,一个空\quad 格$ \\
4  $两个空\qquad 格,负3/18空\!格$
```

没有空格,3/18空 格
4/18空 格,5/18空 格
9/18空 格,一个空　格
两个空　　格,负3/18空格

其中，最后一个命令是负向空格，会缩小正常的字符间距，其缩减长度是 3/18 正常空格长度。

事实上，以上命令也可以在数学环境外使用，其中使用最广泛的是 \,，即上文提到过的千位分隔符。在数学环境中，\, 命令也应用广泛，比如下例的 x 与 $\mathrm{d}x$ 之间隐含了这种空格：

```
1  \[ \int_0^1 x \ud{}x
2  = \frac{1}{2} \]
```

$$\int_0^1 x \,\mathrm{d}x = \frac{1}{2}$$

其中，\ud 命令是自定义的，这也是微分算子的正常定义：

```
1  \newcommand{\ud}{\mathop{}\negthinspace\mathrm{d}}
```

4.2.2 间距

命令 \abovedisplayskip 和 \belowdisplayskip 控制了行间公式与上下文的间距，并且该间距的值不会随字号调整而调整。有时你需要自行指定，默认值是12pt plus 3pt minus 9pt。多行公式的间距用 \jot 来控制，默认为3pt。命令 \mathsurround 给出了行内公式与文字间距，除了预留空格之外的间距，默认值为0pt。另外一个有趣的命令 \smash，可以将输入对象的全高（即高度与深度[①]之和）视为 0 来进行排版。

```
1  \[\underline{\smash{\int f(x)\ud
   x}}=1\]
```

$$\underline{\smash{\int f(x)\,\mathrm{d}x}} = 1$$

它也能够通过参数，单独指定忽略高度 (t) 或深度 (b)，如下所示：

```
1  $\sqrt{A_{n_k}} \qquad
2  \sqrt{\smash[b]{A_{n_k}}}$
```

$$\sqrt{A_{n_k}} \qquad \sqrt{\smash[b]{A_{n_k}}}$$

4.2.3 字号

LaTeX 提供 4 种字号尺寸命令。

- \displaystyle: 行间公式尺寸，如 $\displaystyle\sum_{i=1}^{n} a$。
- \textstyle: 行内公式尺寸，如 $\textstyle\sum_{i=1}^{n} a$。
- \scriptstyle: 上下标尺寸，如 $\scriptstyle\sum_{i=1}^{n} a$。
- \scriptscriptstyle: 次上下标尺寸，如 $\scriptscriptstyle\sum_{i=1}^{n} a$。

[①] 高度是指排版对象在基线之上的部分，深度则指在基线之下的部分，请参考图 5.1。

4.2.4　数学字体

将字体转为正体使用 \mathrm 命令。如需保留空格，使用 \textrm 命令，它既输出正体，也能正常输出空格。但是，\textrm 命令内的字号可能不会自适应，\mathrm 的表现则稳定得多。

例如，自然对数的底数 e，就是这样定义的：

```
1  \newcommand{\ue}{\mathrm{e}}
```

下面简单介绍几种数学字体。数学字体的总表参见表 4.1。

表 4.1　原生数学字体表

示例	排版结果
\mathrm{ABCDabcde 1234}	ABCDabcde1234
\mathit{ABCDabcde 1234}	*ABCDabcde1234*
\mathnormal{ABCDabcde 1234}	*ABCDabcde*1234
\mathcal{ABCDabcde 1234}	$\mathcal{ABCD} \dashv \sqcup \sqcap \infty \in \ni \triangle$

1. 数学粗体

数学粗体使用 amsmath 宏包支持的 \boldsymbol 命令。命令 \boldmath 只能加粗一个数学环境，其中很可能包括了标点符号，而这是不严谨的。命令 \mathbf 就差得更远，它只能把字体转为正粗体，而数学字体的常用符号都是斜体的。

```
1  $\mu,M$\\ $\boldsymbol{\mu},
2  \boldsymbol{M}$
```

$$\mu, M$$
$$\boldsymbol{\mu}, \boldsymbol{M}$$

2. 空心粗体

空心粗体使用 amsfonts 或 amssymb 宏包支持的 \mathbb 命令。这里用 \textrm 而不是 \mathrm，是为了保留空格。

```
1  $x^2 \geq 0 \qquad
2  \textrm{任意 }x\in\mathbb{R}$
```

$$x^2 \geqslant 0 \qquad 任意\ x \in \mathbb{R}$$

4.3 基本命令

基本函数默认用正体书写, 包括下面这些函数:

\sin \cos \tan \cot \arcsin \arccos

\arctan \cot \sec \csc \sinh \cosh

\tanh \coth \log \lg \ln \ker \exp

\dim \arg \deg

\lim \limsup \liminf

\sup \inf \min \max \det \Pr \gcd

以上函数中, 最后两行的 10 个函数是可以带上下限参数的, 即在行间公式模式下, 上标和下标将在函数正上方和正下方书写内容。

amsmath 宏包允许 \DeclareMathOperator 命令自定义基本函数, 用法类似于 \newcommand 命令。如果命令带星号 \Declare-MathOperator*, 则可以带上下限参数。

此外有一个叫 \mathop 的命令, 它可以把参数转换为数学对象, 使其能够堆叠上下标。\mathbin 与 \mathrel 则能分别把参数转换为二元运算符和二元关系符, 并正确设置两侧的空距。

4.3.1 上下标与虚位

用下划线和尖角符表示下标和上标, 请仔细体会下面的例子:

```
1  $a^3_{ij}$ \\
2  ${a_{ij}}^3\text{或}a_{ij}{}^3$\\
3  $\mathrm{e}^{x^2}\geq 1$
```

$$a^3_{ij}$$
$$a_{ij}{}^3 或 a_{ij}{}^3$$
$$e^{x^2} \geqslant 1$$

其中，指数 3 的位置，读者应多多体会一下。此外，\phantom 被称为虚位命令，从下例你也能够体会到它的作用。

```
1  ${}^{12}_{6}\mathrm{C}$ \\
2  ${}^{12}_{\phantom{1}6}
3  \mathrm{C}$ \\
4  $a^3_{ij}$ \\
5  $a^{\phantom{ij}3}_{ij}$
```

$$^{12}_{6}\mathrm{C}$$
$$^{12}_{6}\mathrm{C}$$
$$a^3_{ij}$$
$$a^{3}_{ij}$$

宏包 **mathtools** 提供了 \prescript 来避免上述的手动虚位调整。

```
1  $\prescript{12}{6}{\mathrm{C}}$
```

$$\prescript{12}{6}{\mathrm{C}}$$

4.3.2　微分与积分

导数直接使用单引号 '，积分使用 \int 符号。

```
1  $y'=x \quad \dot{y}(t)=t$ \\
2  $\ddot{y}(t)=t+1$
3  $\dddot{y}+\ddddot{y}=0$ \\
4  $\iint_{D}f(x)=0$
5  $\int_{0}^{1}f(x)=1$
```

$$y'=x \qquad \dot{y}(t)=t$$
$$\ddot{y}(t)=t+1 \quad \dddot{y}+\ddddot{y}=0$$
$$\iint_D f(x)=0 \quad \int_0^1 f(x)=1$$

有时候需要更高级的微分号或积分号，其中 \ud 命令曾在 4.2.1 节讲解过。

```
1  \[\left.\frac{\ud y}{\ud
     x}\right|_{x=0}\quad
2  \frac{\partial f}{\partial x}
3  \quad\oint\;\varoiint_S \]
```

$$\left.\frac{\mathrm{d} y}{\mathrm{d} x}\right|_{x=0} \quad \frac{\partial f}{\partial x} \quad \oint \oiint_S$$

上面例子中，对于 \dot 系的导数命令，LaTeX 只原生支持到二阶。后面的三阶、四阶导数命令需要 amsmath 宏包。\int 系的积分命令类似。而环形双重积分命令 \varoiint 需要 esint 宏包[①]。

\left. 或 \right. 命令[②]只用于匹配，本身不输出任何内容。

4.3.3 分式、根式与堆叠

分式使用 \frac 命令，或者使用 amsmath 宏包支持的 \dfrac、\tfrac 命令来强制获得行间公式、行内公式大小的分数。如果想自定义分式样式，参考 4.3.8 节的 \genfrac 命令。

```
1  \[\frac{x}{y}+\dfrac{x}{y}
2  +\tfrac{a}{b}\]
```

$$\frac{x}{y} + \frac{x}{y} + \frac{a}{b}$$

amsmath 宏包还支持另一个命令 \cfrac，这个命令可输入连分式。

```
1  \[\cfrac{1}{1+\cfrac{2}{1+x}}\]
```

$$\cfrac{1}{1+\cfrac{2}{1+x}}$$

空根式用 \surd 输出，更常用的是 \sqrt。

```
1  $\sqrt{2} \qquad \surd$\\
2  $\sqrt[\beta]{k}$
```

$$\sqrt{2} \qquad \surd$$
$$\sqrt[\beta]{k}$$

开方次数的位置可以用 \leftroot 与 \uproot 这两个命令微调，参数是整数。

---

① 该宏包可能与 amsmath 冲突，即便使用也请放在 amsmath 之后加载。
② 参考 4.4.2 节的内容。

```
1  $\sqrt[\leftroot{-2}\uproot{2}
      \beta]{k}$
```

$$\sqrt[\beta]{k}$$

划线命令是 \underline 和 \overline，用 brace 或者 bracket 代替 line，就变成了水平括号命令，例如 \underbrace。

```
1  $\overline{m+n}$ \\
2  $\underbrace{a_1+\ldots+a_n}_{n}$
3  $\overbrace{a_1+\ldots+a_n}^{n}$
4  % 可选参数：线宽；竖直空距
5  $\underbracket[0.4pt][1ex]
6    {a_1+\cdots+a_n}_n$
```

$$\overline{m+n}$$
$$\underbrace{a_1+\cdots+a_n}_{n} \qquad \overbrace{a_1+\cdots+a_n}^{n}$$
$$\underbracket{a_1+\cdots+a_n}_{n}$$

两个有重叠的括号要用到一个箱子命令 \rlap，这会在后面提到。在重叠括号命令结束后的首个空距，如下例中 j 之前的空距有些异常，这要用 \, 进行修正：

```
1  \[b+\rlap{$\overbrace{\phantom{
2    c+d+e+f+g}}^x$}c+d+\underbrace{
3    e+f+g+h+i}_y+\,j \]
```

$$b + \overbrace{c+d+\underbrace{e+f+g}+h+i}^{x}{}_{y}+j$$

事实上，\overline 命令也存在问题，请比较如下命令：

```
1  $\overline{A}\overline{B}$ \\
2  $\closure{A}\closure{B}$
3  $\closure{AB}$
```

$$\overline{A}\overline{B}$$
$$\overline{AB}\ \overline{AB}$$

其中，\closure 是在导言区定义的，如下所示：

```
1  \newcommand{\closure}[2][3]{{}\mkern#1mu
2    \overline{\mkern-#1mu#2}}
```

还可以输出能堆叠到其他对象上的箭头符，比如向量符号：

```
1  $\vec
     a\quad \overrightarrow{PQ}$
2  $\overleftarrow{EF}$
```

$$\vec a \quad \overrightarrow{PQ} \overleftarrow{EF}$$

你也许还需要添加能够上下堆叠的箭头符。

```
1  \[ a\xleftarrow{x+y+z} b \]
2  \[ c\xrightarrow[x<y]{a*b*c}d \]
```

$$a \xleftarrow{x+y+z} b$$
$$c \xrightarrow[x<y]{a*b*c} d$$

尖帽符号、波浪符号，还有 **yhmath** 宏包支持的圆弧符号如下所示：

```
1  $\hat{A}\quad\widehat{AB}$\\
2  $\tilde{C}\quad\widetilde{CD}
3  \qquad\wideparen{APB}$
```

$$\hat{A} \quad \widehat{AB}$$
$$\tilde{C} \quad \widetilde{CD} \qquad \wideparen{APB}$$

在强制堆叠命令 \stackrel 中，位于上方的符号与上标大小相同。如果有 **amsmath** 宏包，我们可以使用 \overset 或者 \underset 命令，前者与 \stackrel 命令完全等同。

```
1  $\int f(x) \stackrel{?}{=} 1$\\
2  $A\overset{abc}{=}B$ \quad
     $C\underset{def}{=}D$
```

$$\int f(x) \stackrel{?}{=} 1$$
$$A \overset{abc}{=} B \quad C \underset{def}{=} D$$

一个很强大的堆叠放置命令 \sideset，只用于巨算符。

```
1  \[\sideset{_a^b}{_c^d}\sum\]
2  \[\sideset{}{'}\sum_{n=1}\text{或}
3  \,{\sum\limits_{n=1}}'\]
```

$${}_a^b{\sum}_c^d$$
$$\sum_{n=1}' \text{ 或 } {\sum}'_{n=1}$$

去心邻域 \mathring 也可以看作一种堆叠符，输出方式如下：

```
1  $\mathring{U}$
```
$$\mathring{U}$$

在下一节中，还将介绍更多的堆叠命令。

4.3.4　累加与累积

使用 \sum 和 \prod 命令，效果如下：

```
1  \[\sum_{i=1}^{n}a_i=1 \qquad
2  \prod_{j=1}^{n}b_j=1\]
```
$$\sum_{i=1}^{n}a_i=1 \qquad \prod_{j=1}^{n}b_j=1$$

用 \substack 命令或 subarray 环境，可以在累加或累积的下标中实现堆叠：

```
1  \[\sum_{\substack{0<i<n \\
2  0<j<m}} p_{ij}=
3  \prod_{\begin{subarray}{l}
4  i\in I \\   1<j<m
5  \end{subarray}}q_{ij}\]
```
$$\sum_{\substack{0<i<n \\ 0<j<m}} p_{ij}=\prod_{\begin{subarray}{l} i\in I \\ 1<j<m \end{subarray}}q_{ij}$$

有时候需要强制实现堆叠的效果，可以使用 \limits 命令。如果堆叠目标不是数学对象，要使用 \mathop 命令。

```
1  \[\max\limits_{i>1}^{x}\quad
2  \mathop{xyz}\limits_{x>0}\quad
3  \lim\nolimits_{x\to \infty}\]
```
$$\max\limits_{i>1}^{x}\quad \mathop{xyz}\limits_{x>0}\quad \lim\nolimits_{x\to \infty}$$

4.3.5　矩阵与省略号

最朴素的矩阵排版可以通过 array 环境和自适应定界符完成。

```
1  \[\mathbf{A}=
2  \left(\begin{array}{ccc}
3  x_{11} & x_{12} & \ldots \\
4  x_{21} & x_{22} & \ldots \\
5  \vdots & \vdots & \ddots
6  \end{array}\right)\]
```

$$\boldsymbol{A} = \begin{pmatrix} x_{11} & x_{12} & \cdots \\ x_{21} & x_{22} & \cdots \\ \vdots & \vdots & \ddots \end{pmatrix}$$

还有一个 \cdots 命令。**mathdots** 宏包支持省略号缩放，并提供了一种罕用的斜省略号 \iddots: $\cdot\cdot\cdot$。

通常的矩阵使用 matrix 环境。

```
1  \centering $\begin{matrix}
2  0 & 1 \\ 1 & 0 \end{matrix}\qquad
3  \begin{pmatrix} 0 & 2 \\
4  2 & 0 \end{pmatrix}$
```

$$\begin{matrix} 0 & 1 \\ 1 & 0 \end{matrix} \qquad \begin{pmatrix} 0 & 2 \\ 2 & 0 \end{pmatrix}$$

方括号和花括号使用 [Bb]matrix 环境。

```
1  \centering $\begin{bmatrix}
2  0 & 3 \\ 3 & 0
     \end{bmatrix}\qquad
3  \begin{Bmatrix} 0 & 4 \\
4  4 & 0 \end{Bmatrix}$
```

$$\begin{bmatrix} 0 & 3 \\ 3 & 0 \end{bmatrix} \qquad \begin{Bmatrix} 0 & 4 \\ 4 & 0 \end{Bmatrix}$$

行列式使用 [Vv]matrix 环境。

```
1  \centering $\begin{vmatrix}
2  0 & 5 \\ 5 & 0
     \end{vmatrix}\qquad
3  \begin{Vmatrix} 0 & 6 \\
4  6 & 0 \end{Vmatrix}$
```

$$\begin{vmatrix} 0 & 5 \\ 5 & 0 \end{vmatrix} \qquad \begin{Vmatrix} 0 & 6 \\ 6 & 0 \end{Vmatrix}$$

宏包 **mathtools** 提供的带星 \matrix 命令，可更改列对齐。

```
1  $\begin{pmatrix*}[r]
2  100 & -200 \\ 20 & 10
3  \end{pmatrix*}$
```

$$\begin{pmatrix} 100 & -200 \\ 20 & 10 \end{pmatrix}$$

在矩阵中排版 \dfrac 分式时，行距处理如下例的 \\[8pt]：

```
1  \[\mathbf{H}=\begin{bmatrix}
2  \dfrac{\partial^2 f}{\partial
   x^2} &
3  \dfrac{\partial^2 f}
4  {\partial x \partial y} \\[8pt]
5  \dfrac{\partial^2 f}
6  {\partial x \partial y} &
7  \dfrac{\partial^2 f}{\partial
   y^2}
8  \end{bmatrix}\]
```

$$\boldsymbol{H} = \begin{bmatrix} \dfrac{\partial^2 f}{\partial x^2} & \dfrac{\partial^2 f}{\partial x \partial y} \\ \dfrac{\partial^2 f}{\partial x \partial y} & \dfrac{\partial^2 f}{\partial y^2} \end{bmatrix}$$

宏包 amsmath 还支持行内小矩阵 \smallmatrix，这时需手动加括号。

```
1  矩阵 $\left(\begin{smallmatrix}
2  x & -y\\ y & x\end{smallmatrix}
3  \right)$ 可以显示在行内。
```

矩阵 $\left(\begin{smallmatrix} x & -y \\ y & x \end{smallmatrix}\right)$ 可以显示在行内。

最后是一种带边注的矩阵 \bordermatrix，其用法有些奇怪。

```
1  \[\bordermatrix{& 1 & 2\cr
2  1 & A & B \cr
3  2 & C & D \cr} \]
```

$$\bordermatrix{ & 1 & 2 \cr 1 & A & B \cr 2 & C & D \cr}$$

4.3.6　分段函数与联立方程

用 cases 环境书写分段函数，它自动生成一个比 \left{ 更紧凑的花括号。

```
1  \[y=\begin{cases}
2  \int x, & x>0 \\
3  0,    & x=0 \\
4  x-1, & x<0
5  \end{cases},\,x\in\mathbb{R}\]
```

$$y=\begin{cases} \int x, & x>0 \\ 0, & x=0, x\in\mathbb{R} \\ x-1, & x<0 \end{cases}$$

如果想要生成 display 样式的内容（比如上面的积分号只是 text 样式的），那么用 **mathtools** 宏包的 dcases 环境代替 cases 环境。如果 cases 环境的第二列条件不是数学语言而是一般文字，则可以考虑使用 dcases* 环境，列中用 & 隔开。

```
1  \[y=\begin{dcases}
2  \int x, & x>0 \\
3  x^2, & x\leqslant 0
4  \end{dcases}\]
5  \[z=\begin{dcases*}
6  y, & 当 $y$ 是质数 \\
7  y^2, & 其他
8  \end{dcases*}\]
```

$$y=\begin{dcases} \int x, & x>0 \\ x^2, & x\leqslant 0 \end{dcases}$$

$$z=\begin{dcases} y, & 当 y 是质数 \\ y^2, & 其他 \end{dcases}$$

4.3.7 多行公式及其编号

多行公式可以使用 **amsmath** 下的 align 环境，因为原生的 eqnarray 环境真的很差！而且 align 环境 [1] 不需要像 array 环境那样给出列的数目和参数，它能够根据 & 符号的数量来自动调整。**这个环境会自动对齐等号或者不等号，所以必要时请用&指定对齐位置。**下面是一个例子：

```
1  \begin{align}
2  a^2 &= a\cdot a \\
3     &= a*a     \\
4     &= a^2
5  \end{align}
```

$$\begin{aligned} a^2 &= a \cdot a & (4.2) \\ &= a*a & (4.3) \\ &= a^2 & (4.4) \end{aligned}$$

---

[1] align环境对齐实质上是表格，表格的奇数列居右，偶数列居左，因此可以利用空白列来调整布局。

LATEX 中长公式不能自动换行 [①]，请按照上例所示自行指定断行位置和缩进距离。

至于多行公式换页，我们可以在导言区加上 \allowdisplay-breaks（可选参数：1 为尽量避免换页；2 和 4 为倾向于换页），或在特定位置加上 \displaybreak（可选参数：0 最弱，虽允许在下个换行符后换页，但不倾向换页；4 最强，表示强制换页；2 和 3 的强度介于二者之间）。两种方式的默认参数都是 4。

上例给出了三个编号，如果你只需要一个，可以如下进行：

```
1  \begin{align}
2  a^2&= a\cdot a& b&=c\nonumber\\
3  g  &= a*a & d&>e>f  \nonumber\\
4  step&= a^2 & &Z^3
5  \end{align}
```

$$
a^2 = a \cdot a \qquad b = c
$$
$$
g = a * a \qquad d > e > f
$$
$$
\text{step} = a^2 \qquad Z^3 \tag{4.5}
$$

如果你想让编号显示在这三行的中间而不是最下面一行，可以把公式写在 aligned 或者 gathered 环境中，然后再嵌套到 equation 环境内。如果你根本不想给多行公式编号，可以用 align* 环境。

另外，**amsmath** 宏包的 multline 环境将自动把编号放在末行。首行左对齐，末行右对齐，中间的行居中。

```
1  \begin{multline}
2  a>b \\
3  b>c \\
4  \therefore a>c
5  \end{multline}
```

$$
a > b
$$
$$
b > c
$$
$$
\therefore a > c \tag{4.6}
$$

[①] 不过，**breqn** 宏包的 dmath 环境可以自动换行，读者可以自行尝试效果。

如果想在环境中插入小段行间文字，使用 \intertext 命令，或者 mathtools 宏包的 \shortintertext 命令。区别是后者的垂直间距更小一些。

```
1  \begin{align*}
2  \shortintertext{若}
3  y &= 0 \\
4  x &< 0\\
5  \shortintertext{则 }
6  z &= x+y
7  \end{align*}
```

$$
\begin{aligned}
&\text{若}\\
&y = 0\\
&x < 0\\
&\text{则}\\
&z = x + y
\end{aligned}
$$

当然，align 环境只适用于分列对齐多行公式。如果要所有行居中，使用 amsmath 宏包的 gather 环境即可。这是一个非常实用的环境，你也可以用 gather* 环境排版居中、非编号的多行公式。

```
1  \begin{gather}
2  X=1+2+\cdots+n \\
3  Y=1
4  \end{gather}
```

$$
X = 1 + 2 + \cdots + n \tag{4.7}
$$
$$
Y = 1 \tag{4.8}
$$

4.3.8 二项式

二项式需要借助 amsmath 宏包的 \binom 命令。它也有像分式一样的行内和行间两个命令：\tbinom 与 \dbinom。

```
1  $\mathrm{C}_n^k=\binom{n}{k}
2  \qquad a_n=\dbinom{n}{k}$
```

$$
C_n^k = \binom{n}{k} \qquad a_n = \binom{n}{k}
$$

你也可以通过该宏包支持的 \genfrac 来自定义类似二项式命令。

```
1  \genfrac{left-delim}{right-delim}{thickness}{mathstyle}
2  {numerator}{denominator}
3  % thickness为分式线线宽，参数留空表示默认线宽
4  % mathstyle从0-3由\displaystyle减至\scriptscriptstyle
5  \newcommand{\Bfrac}[2]{\genfrac{[}{]}{0pt}{}{#1}{#2}}
```

你可以借此得到新的命令 \Bfrac。

```
1  \[\text{定义} \Bfrac{n}{k}
      = \binom{k}{n}\]
```

$$\text{定义} \begin{bmatrix} n \\ k \end{bmatrix} = \begin{pmatrix} k \\ n \end{pmatrix}$$

4.3.9　定理

在使用下述定理内容时，请加载 amsthm 宏包。

首先是定理环境格式的自定义。如同定义命令一样，在导言区添加如下内容：

```
1  \newtheorem{envname}[counter]{text}[section]
```

其中，name 表示定理的引用名称，即下文将其作为一个环境名来识别。text 表示定理的显示名称，即下文中定理将以其作为打印内容。counter 参数表示是否与先前声明的某定理共同编号。section 参数表示定理的计数层级：如果参数是 section，表示每节分别计数；chapter 表示每章分别计数。

来看一个例子。首先在导言区定义如下三个样式：

```
1  \theoremstyle{definition}\newtheorem{laws}{Law}[section]
2  \theoremstyle{plain}\newtheorem{ju}[laws]{Jury}
3  \theoremstyle{remark}\newtheorem*{marg}{Margaret}
```

以上三个 \theoremstyle 即是预定义的所有样式类型。definition
是标题粗体，内容罗马体；plain 是标题粗体，内容斜体；remark 是
代码中的"没有其他的。"改为单独一行，添加代码行号。带星号表示
不进行计数。在使用环境时可以添加可选参数，即可以括号的形式注
释定理，示例如下：

```
1  \begin{laws}
2  从不轻易相信。
3  \end{laws}
4  \begin{ju}[第二]
5  从不过分怀疑。
6  \end{ju}
7  \begin{marg}
8  没有其他的。
9  \end{marg}
```

> **Law 4.3.1.** 从不轻易相信。
>
> **Jury 4.3.2**（第二）．从不过分
> 怀疑。
>
> *Margaret.* 没有其他的。

amsthm 宏包还提供了 proof 环境，并且用 \qedhere 指定证
毕符号的位置。如果没有指定，将会自动另起一行。

```
1  \begin{proof}
2  对直角三角形，有：
3    \[a^2+b^2=c^2 \qedhere\]
4  \end{proof}
```

> 证明．对直角三角形，有：
> $$a^2 + b^2 = c^2 \qquad \square$$

4.4 数学符号与字体

4.4.1 数学字体

原生的数学字体命令如前面的表 4.1 所示。

其他宏包支持的数学字体如表 4.2 所示。

表 4.2   宏包数学字体表

示例与排版结果	所需宏包
\mathscr{ABCDabcde 1234}	**mathrsfs**
$\mathscr{ABCD}$	
\mathfrak{ABCDabcde 1234\	**amsfonts或者amssymb**
$\mathfrak{ABCDabcde1234}$	
\mathbb{ABCDabcde 1234}	**amsfonts或者amssymb**
$\mathbb{ABCDabcde1234}$	

4.4.2   定界符

表 4.3 给出了一些数学环境中使用的定界符。

表 4.3   定界符

符号	命令	符号	命令	符号	命令	符号	命令
(	(	[	[or \lbrack	↑	\uparrow	⌈	\ulcorner
)	)	]	] or \rbrack	↓	\downarrow	⌊	\llcorner
{	{ or \lbrace	}	} or \rbrace	↕	\updownarrow	⌉	\urcorner
⟨	\langle	⟩	\rangle	\	\backslash	⌋	\lrcorner
⌊	\lfloor	⌋	\rfloor	⇕	\Updownarrow		
⌈	\lceil	⌉	\rceil	⇑	\Uparrow		
‖	| or \Vert			or \vert	⇓	\Downarrow		

需要说明的是，表 4.3 中最后一列的定界符（即「、⌉、⌊、⌋）需要 amssymb 宏包。

使用 \left、\right 还有 \middle 能够使定界符自适应公式的高度。

```
1 \[P\left(X \middle\vert
    Y=0\right)
2 =\left.\int_0^1 p(t)\ud
    t\middle/ N\right.\]
```

$$P(X|Y=0) = \int_0^1 p(t)\,\mathrm{d}t \Big/ N$$

用单词 big 的变体（或其与字母 l、r 组成的）命令，可以手动指定定界符的尺寸，例如：

```
1  % 加l, r, m对应上述三种自适应命令
2  $(\big(\Big(\bigg(\Bigg<\qquad
3  \bigl[\frac{x+y}{x^2}\bigr]$
```

有时，\left. 和 \right. 能灵活地用于跨行控制，因为它们并非实际配对。

```
1  \begin{align*}
2    x &=\left(\frac{1}{2}x\right.\\
3    &\left.\vphantom{\frac{1}{2}}
4    +y^2+z_1\right)
5  \end{align*}
```

上例中，\vphantom 命令用于输出一个高度虚位，这使得第二行的自适应定界符与第一行同等大小。

特别地，命令 \mathstrut 表示一个等同于行内圆括号高度的虚位。

```
1  $\sqrt{b}\sqrt{y}\qquad
2  \sqrt{\mathstrut
      b}\sqrt{\mathstrut y}$
```

4.4.3 希腊字母

希腊字母表如表 4.4 所示。表中包含了小写希腊字母和大写希腊字母，其中部分希腊字母的输入方式与英文字母一致。

表 4.4　希腊字母表

符号	命令	符号	命令	符号	命令	符号	命令
α	\alpha	θ	\theta	o	o	υ	\upsilon
β	\beta	ϑ	\vartheta	π	\pi	ϕ	\phi
γ	\gamma	ι	\iota	ϖ	\varpi	φ	\varphi
δ	\delta	κ	\kappa	ρ	\rho	χ	\chi
ϵ	\epsilon	λ	\lambda	ϱ	\varrho	ψ	\psi
ε	\varepsilon	μ	\mu	σ	\sigma	ω	\omega
ζ	\zeta	ν	\nu	ς	\varsigma	η	\eta
ξ	\xi	τ	\tau	Γ	\Gamma	$\varGamma$	\varGamma
A	A	B	B	E	E	Z	Z
Δ	\Delta	$\varDelta$	\varDelta	$\varTheta$	\varTheta	I	I
H	H	Θ	\Theta	M	M	N	N
Λ	\Lambda	$\varLambda$	\varLambda	O	O	Π	\Pi
Ξ	\Xi	$\varXi$	\varXi	Σ	\Sigma	$\varSigma$	\varSigma
$\varPi$	\varPi	P	P	$\varUpsilon$	\varUpsilon	Φ	\Phi
T	T	Υ	\Upsilon	Ψ	\Psi	$\varPsi$	\varPsi
$\varPhi$	\varPhi	X	X				
Ω	\Omega	$\varOmega$	\varOmega				

4.4.4　二元运算符

二元运算符包括常见的加减乘除，还有集合的交、并、补等运算。表 4.5 只列出常用的二元运算符，更多内容请参考附录 B 中 symbols-a4 文档。

表 4.5　二元运算符：\mathbin

符号	命令	符号	命令	符号	命令	符号	命令
$+$	+	$-$	-	$\times$	\times	$\div$	\div
$\pm$	\pm	$\mp$	\mp	$\circ$	\circ	$\triangleright$	\triangleright
$\cdot$	\cdot	$\star$	\star	$*$	\ast	$\triangleleft$	\triangleleft
$\cup$	\cup	$\cap$	\cap	$\setminus$	\setminus	$\bullet$	\bullet
$\oplus$	\oplus	$\ominus$	\ominus	$\otimes$	\otimes	$\oslash$	\oslash
$\odot$	\odot	$\bigcirc$	\bigcirc	$\vee$	\vee,lor	$\wedge$	\wedge,land
$\bigcup$	\bigcup	$\bigcap$	\bigcap	$\bigvee$	\bigvee	$\bigwedge$	\bigwedge

4.4.5　二元关系符

二元关系符常常用于判断两个数的大小关系，或者集合中的从属关系。表 4.6 和表 4.7 只列出常用的二元关系符，更多内容请参考附录 B 的 symbols-a4 文档。

表 4.6　二元关系符: <code>\mathrel</code>

符号 命令		符号 命令		符号 命令		符号 命令	
$<$	`<`	$>$	`>`	$\le$	`\le(q)`	$\ge$	`\ge(q)`
$\ll$	`\ll`	$\gg$	`\gg`	$\equiv$	`\equiv`	$\neq$	`\neq`
$\prec$	`\prec`	$\succ$	`\succ`	$\preceq$	`\preceq`	$\succeq$	`\succeq`
$\sim$	`\sim`	$\simeq$	`\simeq`	$\cong$	`\cong`	$\approx$	`\approx`
$\subset$	`\subset`	$\supset$	`\supset`	$\subseteq$	`\subseteq`	$\supseteq$	`\supseteq`
$\in$	`\in`	$\ni$	`\ni`	$\notin$	`\notin`	$\propto$	`\propto`
$\parallel$	`\parallel`	$\perp$	`\perp`	$\smile$	`\smile`	$\frown$	`\frown`
$\asymp$	`\asymp`	$\bowtie$	`\bowtie`	$\vdash$	`\vdash`	$\dashv$	`\dashv`

表 4.7　amssymb 二元关系符

符号 命令		符号 命令		符号 命令		符号 命令	
$\leqslant$	`\leqslant`	$\geqslant$	`\geqslant`	$\because$	`\because`	$\therefore$	`\therefore`
$\nless$	`\nless`	$\ngtr$	`\ngtr`	$\lessdot$	`\lessdot`	$\gtrdot$	`\gtrdot`
$\lessgtr$	`\lessgtr`	$\gtrless$	`\gtrless`	$\lesseqqgtr$	`\lesseqqgtr`	$\gtreqqless$	`\gtreqqless`
$\subseteqq$	`\subseteqq`	$\supseteqq$	`\supseteqq`	$\subsetneqq$	`\subsetneqq`	$\supsetneqq$	`\supsetneqq`

表 4.7 中的二元关系符需要 **amssymb** 宏包。

4.4.6　箭头与长等号

表 4.3 中给出了几个箭头符号, 但是不够全, 这里给出全部箭头符号, 如表 4.8 所示。

表 4.8　箭头符号

符号 命令		符号 命令	
$\leftarrow$	`\leftarrow`	$\longleftarrow$	`\longleftarrow`
$\rightarrow$	`\rightarrow`	$\longrightarrow$	`\longrightarrow`
$\leftrightarrow$	`\leftrightarrow`	$\longleftrightarrow$	`\longleftrightarrow`
$\Leftarrow$	`\Leftarrow`	$\Longleftarrow$	`\Longleftarrow`
$\Rightarrow$	`\Rightarrow`	$\Longrightarrow$	`\Longrightarrow`
$\Leftrightarrow$	`\Leftrightarrow`	$\Longleftrightarrow$	`\Longleftrightarrow`
$\mapsto$	`\mapsto`	$\longmapsto$	`\longmapsto`
$\nearrow$	`\nearrow`	$\searrow$	`\searrow`
$\swarrow$	`\swarrow`	$\nwarrow$	`\nwarrow`
$\leftharpoonup$	`\leftharpoonup`	$\rightharpoonup$	`\rightharpoonup`
$\leftharpoondown$	`\leftharpoondown`	$\rightharpoondown$	`\rightharpoondown`
$\rightleftharpoons$	`\rightleftharpoons`	$\Longleftrightarrow$	`\iff (bigger space)`

LATEX 定义了逻辑命令 \iff、\implies 和 \impliedby，这三个符号与双箭头符号大小相同，只是两侧的间距比单独用箭头符号的更大。

```
1  $x=y \implies a=b$\\
2  $x=y \impliedby a=b$\\
3  $x=y \iff a=b$
```

$$x = y \implies a = b$$
$$x = y \impliedby a = b$$
$$x = y \iff a = b$$

amssymb 宏包支持的箭头符号如表 4.9 所示。

表 4.9　amssymb 宏包支持的箭头符号

符号	命令	符号	命令
⇠	\dashleftarrow	⇢	\dashrightarrow
↺	\circlearrowleft	↻	\circlearrowright
⇋	\leftrightarrows	⇄	\leftrightarrows
↚	\nleftarrow	⇍	\nLeftarrow
↛	\nrightarrow	⇏	\nRightarrow
↮	\nleftrightarrow	⇎	\nLeftrightarrow

最后，宏包 extarrows 给出了一些实用的长箭头与长等符号。

```
1  $\xlongequal{\Delta}$\quad
2  $\xLeftrightarrow{\Delta}$\\
3  $\xleftrightarrow{x=\tan t}$\\
4  $\xLongleftarrow{x}
     \xLongrightarrow{y}$
```

$$\xlongequal{\Delta}\quad \xLeftrightarrow{\Delta}$$
$$\xleftrightarrow{x=\tan t}$$
$$\xLongleftarrow{x}\xLongrightarrow{y}$$

4.4.7　其他符号

注意，冒号如果从键盘直接输入，会识别为关系符，例如 :=。冒号在表示比例时可以直接使用，或者用 \mathbin{:} 命令，如 $a:b$。数学中可能用到的冒号，请使用 \colon 命令，像 $x:y \to \infty$ 这样。

类似在西文断词时使用 \- 命令，在数学环境中使用 * 命令，可以提醒 LATEX 此处可以断词。LATEX 如果在此处断词，会自动补一个

× 叉乘号。你也可以按照如下方式自定义，使 LaTeX 在断行处使用点乘号代替叉乘号：

```
1  \renewcommand{\*}{discretionary{\,\mbox{$\cdot$}}{}{}}
```

表 4.10 和表 4.11 所示是一些其他难以归类的符号，它们不全会在数学领域用到，只不过可以在数学环境下输出出来，以及被 **amssymb** 宏包所支持。

表 4.10　其他符号

符号	命令	符号	命令	符号	命令	符号	命令
…	\dots	⋯	\cdots	⋮	\vdots	⋱	\ddots
∀	\forall	∃	\exists	ℜ	\Re	ℵ	\aleph
∠	\angle	∞	\infty	△	\triangle	∇	\nabla
ℏ	\hbar	ı	\imath	ȷ	\jmath	ℓ	\ell
♠	\spadesuit	♡	\heartsuit	♣	\clubsuit	◇	\diamondsuit
♭	\flat	♮	\natural	♯	\sharp		
非数学符号							
£	\pounds	§	\S	©	\copyright	¶	\P
†	\dag	‡	\ddag	®	\textregistered		

表 4.11　amssymb 其他符号

符号	命令	符号	命令	符号	命令
□	\square	■	\blacksquare	ℏ	\hslash
★	\bigstar	▲	\blacktriangle	▼	\blacktriangledown
◇	\lozenge	◆	\blacklozenge	∡	\measuredangle
℧	\mho	∅	\varnothing	ð	\eth

第5章　LaTeX 进阶

　　本章的内容多数与宏包的使用相关。请记得使用 texdoc 命令查看宏包的使用手册，这是学习宏包最好的手段，没有之一。

5.1　自定义命令与环境

　　自定义命令是 LaTeX 相比于字处理软件 MS Word 更强大的功能之一。它可以大幅度优化你的文档体积，用法如下所示：

```
1  \newcommand{cmd}[args][default]{def}
```

　　现在解释一下各个参数。

- cmd：新定义的命令，不能与现有命令重名。
- args：参数个数。
- default：首个参数，即 #1 的默认值。你可以定义只有一个参数且参数含默认值的命令。
- def：定义的具体内容。参数 1 以 #1 代替，参数 2 以 #2 代替，以此类推。

　　如果重定义一个现有命令，使用 \renewcommand 命令，其用法与 \newcommand 一致。简单的例子如下：

```
1  % 加粗：\concept{text}
2  \newcommand{\concept}[1]{\textbf{#1}}
3  % 加粗#2并把#1#2加入索引，默认#1为空。
4  % 比如\cop{Sys}或者\cop[Sec.]{Sys}
5  \newcommand{\cop}[2][]{\textbf{#2}\index{#1 #2}}
```

如果想定义一个用于数学环境的命令，可借助 \ensuremath 命令。它保证其参数会在数学模式下运转。

```
1  \renewcommand\qedsymbol{\ensuremath{\Box}}
```

自定义环境的命令是 \newenvironment，也可以传入多个参数。注意，第二花括号中不能直接使用传入的参数，但你可以先在第一花括号中保存，再在第二花括号中调用。

```
1  \newenvironment{QuoteEnv}[2][]
2      {\newcommand\Qauthor{#1}\newcommand\Qref{#2}}
3      {\medskip\begin{flushright}\small ——~\Qauthor\\
4      \emph{\Qref}\end{flushright}}
```

下面是显示效果：

```
1  \begin{QuoteEnv}[威廉·
      叶芝]{当你老了}
2  只一人爱你朝圣者的灵魂，
3  爱你渐衰的脸上愁苦的风霜。
4  \end{QuoteEnv}
```

> 只一人爱你朝圣者的灵魂，
> 爱你渐衰的脸上愁苦的风霜。
>
> —— 威廉·叶芝
> 当你老了

5.2 箱子：排版的基础

LaTeX 排版的基础单位就是"箱子"（box），例如整个页面是一个矩形的箱子，侧边栏、主正文区，以及页眉页脚也都是箱子。在正常排版中，文字应当位于箱子内部；如果单行文字过长、没能正确断行，文字超出箱子，这便是 Overfull 的坏箱（bad box）；如果内容太少，导致文字不能美观地填满箱子，这便是 Underfull 的坏箱。

如图 5.1 所示，箱子的三个参数是：高度（height）、宽度（width）和深度（depth）。分隔高度和深度的是基线（baseline）。

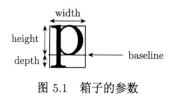

图 5.1　箱子的参数

5.2.1　无框箱子

命令 \mbox 产生一个无框的箱子，宽度自适应。它有时用来强制"结合"一系列命令，使其不在中间断行，比如下面这个命令的定义（其中的 \raisebox 命令将在后面介绍）：

```
1    \mbox{T\hspace{-0.1667em}\raisebox{-0.5ex}{E}\hspace{-0.125em}X}
```

或者也可以使用基础箱子命令\makebox[width][pos]{text}，宽度由 width 参数指定。pos 参数的取值可以是 l、s、r，即居左、两端对齐和居右，还有竖直方向的 t、b 两个参数。

小页（minipage）是一种多行、指定宽度的箱子。无框小页的使用方法是 minipage 环境，参数类似 \parbox。

```
1    \begin{minipage}[pos]{width}
```

5.2.2 加框箱子

命令 \fbox 产生加框的箱子，宽度自动调整，但不能跨行。命令
\framebox 类似上面介绍的 \makebox。如果要在数学环境下完成加
框，使用 \boxed 命令。

width 参数中，可以用 \width、\height、\depth 与 \total-
height 分别表示箱子的自然宽度、自然高度、自然深度与自然高深
度之和。

```
1  \fbox{这是一个加框箱子} \\
2  \framebox[2\width]{双倍字宽}\\
3  \begin{equation}\boxed{x^2=4}
4  \end{equation}
```

加框箱子的宽度，以及箱内文本到箱子的距离可以自行定义。其
默认定义如下：

```
1  \setlength{\fboxrule}{0.4pt} \setlength{\fboxsep}{3pt}
```

加框小页使用 boxedminipage 环境（需要 **boxedminipage** 宏
包），用法与无框小页类似。

5.2.3 竖直升降的箱子

命令 \raisebox 可以提升或降低文字，它有两个参数。

```
1  A\raisebox{-0.5ex}{n} example.                A_n example.
```

5.2.4 段落箱子

段落箱子的强大之处在于它提供自动换行的功能，当然你需要指

定宽度。

```
1  \parbox[pos]{width}{text}
```

例子如下（另见彩插 9）：

```
1  这是\parbox[t]{3.5em}{一个长
2  例子}，展示 \parbox[b]{4em}
3  {段落箱子的用法。}
```

```
              段 落 箱
              子 的 用
这是一个长，展示法。
         例子
```

5.2.5　缩放箱子

宏包 **graphicx** 提供了一种可缩放的箱子 \scalebox{h-sc}-[v-sc]{pbj}，注意，其中水平缩放因子是必要参数。缩放内容可以是文字也可以是图片，例子如下：

```
1  \LaTeX---\scalebox{-1}[1]{\LaTeX}\\
2  \LaTeX---\scalebox{1}[-1]{\LaTeX}\\
3  \LaTeX---\scalebox{-1}{\LaTeX}\\
4  \LaTeX---\scalebox{2}[1]{\LaTeX}
```

此外，还有 \resizebox{width}{heigh}{text} 命令。

5.2.6　标尺箱子

命令 \rule[lift]{width}{height} 能够画出一个黑色的矩形。你可以在单元格中将该命令的 width、height 任一设为 0，以此当作隐形的"支撑"来限定单元格的宽或高。而 \strut 命令则将高度与深度设置为当前字号大小。例子如下：

```
1  \begin{tabular}{|c|}
2    \hline
3    \rule[-1em]{1em}{1ex}文本一
4    \rule{0pt}{38pt} \\
5    \hline
6  文本二 \strut--- \\
7    \hline
8  \end{tabular}
```

5.2.7 覆盖箱子

有时候需要把一段文字覆盖到另一段上面，就可以使用 \llap 或 \rlap。什么？你从没这么干过？或许有一天你需要呢（另见彩插 10）!

```
1  你看不清这些字\llap{是什么}\\
2  \rlap{这些}你也看不清
```

你看不清是什么
这些也看不清

5.2.8 旋转箱子

宏包 graphicx 提供了 \rotatebox 命令，其参数与插图命令相同。

```
1  \rotatebox[origin=c]{90}{专}治颈椎病。
```

治颈椎病。

5.2.9 颜色箱子

xcolor 宏包支持的颜色箱子命令如下（另见彩插 11）：

```
1  \textcolor{red}{红色}强调\\
2  \colorbox[gray]{0.95}{浅灰色背景}
   \\
3  \fcolorbox{blue}{cyan}{%
4  \textcolor{blue}{蓝色边框+文字,
5  青色背景}}
```

红色强调
浅灰色背景
蓝色边框 + 文字,青色背景

命令 \fcolorbox 可以调整 \fboxrule、\fboxsep 参数,而 \colorbox 只能调整后者。参考前面的 5.2.2 节。

强大的 **tcolorbox** 宏包专门定义了众多的箱子命令,参考 5.13.2 节。

5.3　复杂距离

5.3.1　水平和竖直距离

长度单位参考 3.4 节介绍过的内容。水平距离命令有两种:一种禁止在此处断行,如表 5.1 所示;另一种允许换行,如表 5.2 所示。

表 5.1　禁止换行的水平距离

命令	长度	效果
\thinspace 或 \,	0.1667 em	
\negthinspace 或 \!	−0.1667 em	
\enspace	0.5 em	
\nobreakspace 或 ~	空格	

表 5.2　允许换行的水平距离

命令	长度	效果
\quad	1 em	
\qquad	2 em	
\enskip	0.5 em	
\␣	空格	

使用 \hspace{length} 命令自定义空格的长度，其中 length 的取值如 -1em、2 ex、5 pt plus 3 pt minus 1 pt，以及 0.5\linewidth 等。如果想要这个命令在断行处也正常输出空格，使用带星命令 \hspace*。

类似地，使用 \vspace 和 \vspace* 命令，作为竖直方向上空白距离的输出。

要定义新的长度宏，使用 \newlength 命令；要重设现有长度宏的值，可以使用 \setlength 命令；要调整长度宏的值，则使用 \addtolength 命令。

```
1  \newlength{\mylatexlength}
2  \setlength{\mylatexlength}{10pt}
3  \addtolength{\mylatexlength}{-5pt}
```

此外，LaTeX 还定义了三个竖直长度 \smallskip、\medskip 和 \bigskip。

```
1  \parbox[t]{3em}{TeX\par TeX}
2  \parbox[t]{3em}{TeX\par\smallskip
     TeX}
3  \parbox[t]{3em}{TeX\par\medskip
     TeX}
4  \parbox[t]{3em}{TeX\par\bigskip
     TeX}
```

5.3.2 填充距离与弹性距离

命令 \fill 用于填充距离，要作为 \hspace 或 \vspace 的参数。另外还有单独使用的命令 \hfill 与 \vfill，它们的作用相同。

弹性距离指按一定比例计算得到的多个空白，命令是 \stretch。

```
1  左 \hspace{\fill}右 \\
2  左 \hspace{\stretch{1}}中
3  \hspace{\stretch{2}}右
```

左		右
左	中	右

你还可以使用类似 \hfill 的 \hrulefill 和 \dotfill 命令。

```
1  L\hfill R\\
2  L\hrulefill Mid\dotfill R
```

L		R
L_____Mid..........R		

5.3.3　行距

LATEX 的行距由基线计算，可以使用命令 \linespread{num}，默认的基线距离 \baselineskip 是 1.2 倍的文字高，所以默认行距是 1.2 倍。如果更改 linespread 为 1.3，那么行距变为 $1.2 \times 1.3 = 1.56$ 倍——这也是 **ctex** 文档类的做法。

此外还有 \lineskiplimit 和 \lineskip 命令。有时候在两行之间，可能包含较高的内容（比如分式 $\frac{1}{2}$），这使得前一行底部与后一行顶部的距离小于 limit 值，则此时行距会从由 \linespread 控制改为由 \lineskip 控制。本书采用如下设置：

```
1  \setlength{\lineskiplimit}{3pt}
2  \setlength{\lineskip}{3pt}
```

5.3.4　制表位*

制表位使用 tabbing 环境，需要注意，这是一个极其容易造成坏箱的环境。这里有几个要点。

- \=：在此处插入制表位。
- \>：跳入下一个制表位。

- \\：制表环境内必须手动换行和缩进。
- \kill：若行末用 \kill 代替 \\，那么该行并不会输出到文档中。

一个丑陋的例子如下：

```
1  \begin{tabbing}
2  \hspace{4em}\=\hspace{8em}\=\kill
3  制表位 \> 就是这样 \> 使用的 \\
4  随时 \> 可以添加 \> 新的：\= 就这样 \\
5  也可以 \= 随时重设 \= 制表位 \\
6  这是 \> 新的 \> 一行
7  \end{tabbing}
```

制表位　就是这样　　　使用的
随时　　可以添加　　　新的：就这样
也可以 随时重设 制表位
这是　　新的　　　一行

5.3.5 悬挂缩进*

这种缩进在实际排版中并不常用，而在需要列表的场合中才使用，但可以借助列表宏包 enumitem 进行定义。这里介绍的是正文中悬挂缩进的使用。

如果需要对单独一段进行悬挂缩进，如下所示：

```
1  \hangafter 2
2  \hangindent 6em
```

这两行代码放在某一段的上方，其作用是控制紧随其后的段落从第 2 行开始悬挂缩进，并且设置悬挂缩进的长度是 6em。

如果连续的多段需要悬挂缩进，可以通过改造编号列表环境或者 verse 环境[①]来实现。或者如下这样尝试（另见彩插 12）：

---

① 事实上这是一个排版诗歌的环境，参考前面 3.5.3 节。

```
1  正文...
2
3  {\leftskip=3em\parindent=-1em
4  \indent
       这是第一段。注意整体需要放在
5  一组花括号内，且花括号前应当有空白行。
6  第一段前需要加 indent 命令，最后一段
7  的末尾需额外空一行，否则可能出现异常。
8
9  这是第二段。
10
11 \ldots
12
13 这是最后一段。别忘了空行。
14
15 }
```

正文...

　　这是第一段。注意整体需要放在一组花括号内，且花括号前应当有空白行。第一段前需要加 indent 命令，最后一段的末尾需额外空一行，否则可能出现异常。

这是第二段。

...

这是最后一段。别忘了空行。

5.3.6　整段缩进*

　　宏包 **changepage** 提供了一个 `adjustwidth` 环境，它能够控制段落两侧到文本区（而不是页边）的距离。

```
1  \begin{adjustwidth}{1cm}{3cm}
2  %本段首行缩进需要额外手工输入。本环境距文本区左侧1 cm，距右侧3 cm。
3  \end{adjustwidth}
```

　　也可以尝试赋值 `\leftskip` 等命令，这对奇偶页的处理更有效。

5.4　自定义章节样式

　　本节主要涉及 **titlesec** 宏包的使用。章节样式调整使用 `\title-label`、`\titleformat*` 命令。前者需要配合计数器使用，后者可简单地设置章节标题的字体样式。

```
1  \titlelabel{\thetitle.\quad}
2  \titleformat*{\section}{\itshape}
```

　　章节样式由标签和标题文字两部分构成。标签一般表明了大纲级别以及编号,比如"第一章""Section 3.1"等。标题文字比如"自定义章节样式"这几个字。还记得吗?在 **report** 与 **book** 类的 `subsection`及以下级别,**article** 类的 `paragraph` 及以下级别是默认没有编号的,因此其对应的级别也没有标签,除非人工进行设置。

　　对于需要详细处理标签、标题文字两部分的情况,**titlesec** 宏包还提供了一个 `\titleformat` 命令。调用方式如下:

```
1  \titleformat{command}[shape]{format}{label}{sep}
2    {before-code}[after-code]
```

上面参数对应的含义如下所示。

- `command`:大纲级别命令,如 `\chapter` 等。
- `shape`:章节的预定义样式,分为 9 种。
    - `hang`。默认值,标题在右侧,紧跟在标签后。
    - `block`。标题和标签封装排版,不允许额外的格式控制。
    - `display`。标题另起一段,位于标签的下方。
    - `runin`。标题与标签同行,且正文从标题右侧开始。
    - `leftmargin`。标题和标签分段,位于左页边。
    - `rightmargin`。类似 `leftmargin`,位于右页边。
    - `drop`。文本包围标题。
    - `wrap`。类似 `drop`,文本会自动调整以适应最长的一行。
    - `frame`。类似 `display`,但有框线。
- `format`:用于设置标签和标题文字的字体样式,这里可以包含竖直空距,即标题文字到正文的距离。
- `label`:用于设置标签的样式,比如"第 `\chinese\thechap-ter` 章"大概是ctexbook类的默认样式。

- sep：标签和标题文字的水平间距，必须是 LATEX 的长度表达。当 shape 取 display 时，表示竖直空距；取 frame 时，表示标题到文本框的距离。
- before：标题前的内容。
- after：标题后的内容。对于 hang、block、display，此内容取竖向；对于 runin、leftmargin，此内容取横向；否则此内容被忽略。

宏包还给出了 \titlespacing 与 \titlespacing* 两个命令，其使用方式如下：

```
1  \titlespacing*{command}{left}{before-sep}{after-sep}[right-sep]
2  \titlespacing{command}{left}{*m}{*n}[right-sep]
```

各参数的含义如下所示。

- command：大纲级别命令，如 \chapter。
- label：缩进值。在 left/right margin 下表示标题宽；在 wrap 中表示最大宽；在 runin 中表示标题前缩进的空距。
- before-sep：标题前的垂直空距。
- after-sep：标题与正文之间的空距。在 hang、block、display 中是垂直空距；在 runin、wrap、drop、left/right margin 中是水平空距。
- right-sep：可选，仅对 hang、block、display 适用。
- *m/*n：在 \titlespacing 命令中的 m、n 分别表示 before 与 after-sep 的变动范围倍数，基数是默认值。

宏包中还有一个 \titleclass 命令，用来定义新的章节命令（例如 \subchapter）或者重申明已有的章节命令。

```
1  % 使 \part 命令不单独占据一页
2  \titleclass{\part}{top}
3  % 新定义一个 \subchapter 命令
4  \titleclass{\subchapter}{straight}[\chapter]
5  \newcounter{subchapter}
6  \renewcommand{\thesubchapter}{\Alph{subchapter}}
```

其中，第二参数表示章节类型，可以是 page（独占一页）、top（另开新页），或者 straight（普通）。

宏包还给出了 \titleline 命令，用来绘制填充同时嵌有其他对象的行。对象可以嵌入到左、中、右三个位置。如果你只是想填充一行而不嵌入对象，使用 \titlerule 及其带星号的命令形式。

```
1  % 嵌入对象的线
2  \titleline[c]{CHAPTER 1}
3  % 单纯填充一行
4  \titlerule[height]
5  \titlerule*[width]{text}
```

最后，我们给出一个复杂的样式定义示例。这个例子稍微有些复杂，只用到了 \titleformat 相关的章节命令。它用 \startcontents 与 \printcontents 命令，在每章开始都插入了该章的子目录。限于本书篇幅，请读者自行编译。

```
1   \newcommand{\chaformat}[1]{%
2       \parbox[b]{.5\textwidth}{\hfill\bfseries #1}%
3       \quad\rule[-12pt]{2pt}{70pt}\quad
4       {\fontsize{60}{60}\selectfont\thechapter}}
5   % chapter样式定义中的\chaformat以章名作为隐式参数
6   \titleformat{\chapter}[block]{\hfill\LARGE\sffamily}
7       {}{0pt}{\chaformat}[\vspace{2.5pc}\normalsize
8       \startcontents\printcontents{}{1}
9       {\setcounter{tocdepth}{2}}]
10  \titleformat*{\section}{\centering\Large\bfseries}
11  \titleformat{\subsubsection}[hang]
12      {\bfseries\large}{\rule{1.5ex}{1.5ex}}{0.5em}{}
```

　　本例没有定义 subsection 样式。如果你想给 subsection 级别标号（即赋予它标签），使用 \setcounter {secnumdepth}{3}①。

　　临时更改 \secnumdepth 可以生成不编号的章节，但章节名仍会被用在目录和 \markboth 中，有时这比带星号的章节命令更巧妙一些。

5.5　自定义目录样式

　　本节主要涉及 **titletoc** 宏包，它与 **titlesec** 宏包的文档写在同一个 pdf 文件中。

　　首先是目录的标题，其可以通过 renewcommand 更改，分别是 \contentsname、\listfigurename 和 \listtablename。

　　再来看命令 \dottecontents 与命令 \titlecontents：

```
1  \dottecontents{section}[left]{above-code}
2     {label-width}{leader-width}
3  \titlecontents{section}[left]{above-code}{numbered-entry-format}
4     {numberless-entry-format}{filler-page-format}[below-code]
```

各参数的含义如下所示。

- section：目录对象，可以填 chapter、section，或者 figure、table。
- left：目录对象左侧到左页边区的距离，一般必选。
- above-code：格式调整命令，可以包含垂直对象，也可以用 \contentslabel，即指定本级别目录标签箱子的宽度。
- label-width：标签宽。

---

① **report/book** 类 part 级别深度为 0，递增；**article** 类 part 级别深度为 −1，无 chapter 级别。故它们的 section 及以下级别深度一致。

- leader-width：填充符号宽，默认的填充符号是圆点。
- numered-entry-format：如果有标签，表示在目录文本前输入的格式。
- numberless-entry-format：没有标签时输入的格式。
- filler-page-format：填充格式，一般借助 titlesec 中的 \titlerule* 命令。
- below-code：在 entry 之后输入的格式，比如垂直空距。

下例中，section 级别使用了填充命令 \titlerule*。请读者自行编译查看效果。

```
1  \titlecontents{chapter}[1.5em]{}{\contentslabel{1.5em}}
2    {\hspace*{-2em}}{\hfill\contentspage}
3  \titlecontents{section}[3.3em]{}
4    {\contentslabel{1.8em}}{\hspace*{-2.3em}}
5    {\titlerule*[8pt]{$\cdot$}\contentspage}
6  \titlecontents*{subsection}[2.5em]{\small}
7    {\thecontentslabel{}}{}
8    {, \thecontentspage}[;\qquad][.]
```

5.6 自定义图表

5.6.1 长表格

supertabular、longtable、tabu 等多个宏包都能完成长表格的排版，大致包括如下功能。

- 表头控制：首页的表头样式，以及转页后表头的样式。
- 转页样式：在表格跨页时，页面最下方插入的特殊行，比如 to be continued。

这里主要介绍 longtable 宏包。主要命令包括如下内容。

- \endhead：定义每页顶端的表头。在表头行用该命令代替 \\\ 命令来换行。

- \endfirsthead：如果首页的表头与其他页不同，使用该命令。

- \endfoot：定义每页底端的表尾。

- \endlastfoot：定义末页底端的表尾。

- \caption：用法与原生 tabular 的 \caption 命令一致。如果你不想显示表格编号，使用带星的该命令；如果不想让其加入表格目录，在可选参数中留空 \caption[]{...}。

- \label：注意 \label 命令不能用在多页对象中，请在表体中或者 firsthead/lastfoot 中使用。

- \LTleft：表格左侧到主文本区边缘的距离，默认是 \fill。你可以用 \setlength\LTleft{0pt} 来取消这个距离，即居左排列。

- \LTright：本命令的使用类似 \LTleft 命令。

- \LTpre：表格上部到文本的距离，默认是 \bigskipamount[①]。

- \LTpost：本命令的使用类似 \LTpre 命令。

- \\[...]：在换行后插入竖直空距。

- *：禁止在该行后立刻进行分页。

- \kill：该行不显示，但用于计算宽度。

- \footnote(mark/text)：命令 \footnote 不能用于表头或表尾。在表头和表尾中，使用 \footnotemark 命令，并在表外用 \footnotetext 写明脚注内容。

---

① 这个命令通常是一行左右的竖直距离，即 12 pt ± 4 pt 左右。

longtable 宏包支持的表格可选参数是 c、l、r，不能用 t 或 b。此外，longtable 中的跨列可能需要编译多次才能正常显示。最后给出一个例子，如表 5.3 所示。

表5.3　This is an example

	This is the headfirst[①]		
*	First Col	Second Col	*
*	This is an example	and you can	*
*	see how longtable will	work.	*
*	Space after line are	allowed.	*

–Continued Longtable–

This is the head of other page		
* First Here	Second Here	*
* You can adjust LTright and	LTleft	*
* if you want to. I'd like	to set	*
* LTleft as "0pt", but it all	depends on	*
* you. And maybe you can try	footnote	*
* like this[1] and also	footnotetext[2].	*
* As for footnotemark, you've seen it	in the firsthead.	*
* And I think maybe it's long	enough to make	*
* a table across pages, so go to the	next page and	*
* This is the	bottom.	*
* check whether the head at next page is	different from	*
*that on this page. Also you can have a look	at lastfoot.	*
* So do you get how to use this	package?	*
* Maybe you'll love it. So enjoy	longtable!	*
* **That's all**	**and thanks**.	*

它的代码如下所示：

---

① footnote 示例。
② footnotetext 示例。

```
1   \begin{longtable}{@{*}r||p{3cm}@{*}}
2   KILLED & LINE! \kill
3
4   \caption[\texttt{longtable} Example]{This is an example}\\
5   \hline
6   \multicolumn{2}{@{}c@{}}{This is the headfirst\footnotemark}\\
7   First Col & Second Col \\
8   \hline\hline
9   \endfirsthead
10
11  \caption*{--Continued Longtable--}\\
12  \hline\hline
13  \multicolumn{2}{@{}c@{}}{This is the head of other page}\\
14  First Here & Second Here \\
15  \hline
16  \endhead
17
18  \hline\hline
19  This is the & bottom. \\
20  \hline
21  \endfoot
22
23  \hline
24  \textbf{That's all} & \textbf{and thanks}. \\
25  \hline
26  \endlastfoot
27
28  \footnotetext{Footnotemark: first footnote in table head.}
29  This is an example & and you can \\
30  see how longtable will & work. \\
31  Space after line are & allowed. \\[25ex]
32  You can adjust LTright and & LTleft \\
33  if you want to. I'd like & to set \\
34  LTleft as 0pt'', but it all & depends on\\
35  you. And maybe you can try & footnote \\
36  like this\footnote{Footnote example.} and also
37  & footnotetext\footnotemark
38  \footnotetext{Footnotetext example.}. \\
39  As for footnotemark, you've seen it & in the firsthead.\\[15ex]
40  And I think maybe it's long & enough to make \\
41  a table across pages, so go to the & next page and \\
42  check whether the head at next page is & different from \\
43  that on this page. Also you can have a look & at lastfoot.
44  \\[20ex]
45  So do you get how to use this & package? \\
46  Maybe you'll love it. So enjoy & \texttt{longtable}!
47  \end{longtable}
```

5.6.2　booktabs：三线表

booktabs 宏包提供 \toprule、\midrule 与 \bottomrule 命令来绘制三线表。更多的横线可以通过 \midrule 添加。

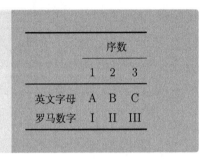

```
1  \begin{tabular}{cccc}
2  \toprule
3  & \multicolumn{3}{c}{序数} \\
4  \cmidrule{2-4}
5  & 1 & 2 & 3 \\
6  \midrule
7  英文字母 & A & B & C \\
8  罗马数字 & I & II& III \\
9  \bottomrule
10 \end{tabular}
```

如果要在同一行连续用命令 \cmidrule 绘制横线，可以用 \cmiderule(lr) 命令代替，实现相邻横线"断开"的效果。

5.6.3　彩色表格

彩色表格依靠 colortbl 宏包，它会调用 **array** 和 **color** 宏包。可以在加载 xcolor 宏包时添加 table 选项，来调用 colortbl 宏包。

命令 \columncolor 给表格某列加背景色。

```
1  \columncolor[mode]{colorname}[left-ex][right-ex]
```

其中，mode 参数是指 rgb/cmyk 等。left/right-ex 参数表示向两侧填充的距离，默认是 \tablecolsep。

命令 \rowcolor 和 \cellcolor 分别用于更改表头行的颜色和单个单元格的颜色，放置在表格内对应位置即可。在 **xcolor** 支持下还可以使用 \rowcolors 命令，但其放在表格开始之前。

```
1  % 表线为单横，从第2行开始，奇数行绿色，偶数行青色
2  \rowcolors[\hline]{2}{green}{cyan}
3  \begin{tabular}...
```

要临时开关奇偶行颜色，使用 \show/hide rowcolors 命令。

彩色表格中跨行，需要把跨行命令放在最后一行，并跨负数行（另见彩插 13）。

```
1  \rowcolors{2}{green}{cyan}
2  \begin{tabular}{ll}
3  \hline Col 1 & Col 2\\
4  & A\\ \multirow{-2}*{Hey} & B\\
5  \hline
6  \end{tabular}
```

5.6.4 子图表

子图表输出用 subcaption 宏包，它需要与 caption 宏包共同加载。

```
1   \usepackage{caption,subcaption}
2    \captionsetup[sub]{labelformat=simple}
3    \renewcommand{\thesubtable}{(\alph{subtable})}
4   % 用\ref引用得到如"图1.1(a)"的效果
5   \begin{table}
6   \caption{Parents}
7   \begin{subtable}[b]{0.5\linewidth}
8    \centering
9    \begin{tabular}{|c|c|}
10   A & B \\ \end{tabular}
11   \caption{First}\label{...}
12  \end{subtable}
13  \begin{subtable}[b]{0.5\linewidth}
14   \centering
15   \begin{tabular}{|c|c|}
16   A & B \\ C & D \end{tabular}
17   \caption{Second}
18  \end{subtable}
19  \end{table}
```

效果如表 5.4（a）与表 5.4（b）所示。更多的内容请参考 **caption**
宏包。

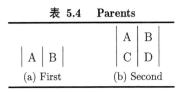

表 5.4　Parents

(a) First　(b) Second

5.6.5　GIF 动态图

使用 **animate** 宏包（当然，**graphicx** 宏包也是需要的），可以
将多张图片以动态图的形式插入 pdf。需要注意的是，动态图在一些功
能较弱的 pdf 阅读器中可能无法正常工作，推荐使用 Adobe 系列 pdf
阅读器以保证正常浏览。代码如下：

```
1  \begin{figure}[!hbt]
2    \centering
3    \animategraphics[controls, autoplay, loop,
4    width=0.6\linewidth]{20}{Py3-matplotlib-}{0}{98}
5  \end{figure}
```

以上代码对应的动态图 [1] 如图 5.2 所示。

这段代码会搜索文件夹（包括你在 **graphicx** 中设置的文件夹），
找到依次序编号从 Py3-matplotlib-0.png 到 Py3-matplotlib-98.png 的
99 张图片，以每秒 20 帧为默认播放速度加载。参数 `controls` 表示在
图片下方附加控制按钮，可以暂停/播放、正放/倒放、手动浏览帧，以
及更改播放速度。参数 `autoplay` 表示当浏览到动态图所在页面时，
动态图会自动开始播放。参数 `loop` 表示播放到尾帧后自动重播。最
后，你可以像一般图片加载一样，指定它的 `width`/`height`。

---

① 该例的动态图请访问前言提到的 GitHub 仓库，下载本书的 pdf 版本进行浏览。

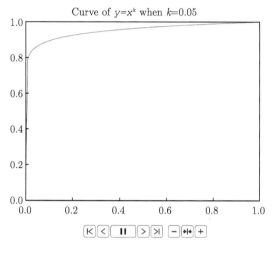

图 5.2　动态图示例

　　注意，如果你只有 GIF 图像，但安装了 ImageMagick，可以在图像文件夹下使用如下命令：

```
convert Py3-matplotlib.gif -coalesce Py3-matplotlib.png
```

来将单个 GIF 转为符合上述要求的多个 PNG 图像。

5.7　自定义编号列表

　　编号列表的自定义主要使用 **enumitem** 宏包。主要的计数器如下所示。

- enumerate：
  - ■ **Counter:** enumi、enumii、enumiii、enumiv。
  - ■ **Label:** labelenumi、labelenumii······
- itemize：只有 Label，该列表没有 Counter。
  - ■ **Label:** labelitemi、labelitemii······

- description：只有 \descriptionlabel 命令。其默认定义如下：

```
1  \newcommand*{\descriptionlabel}[1]{\hspace\labelsep
2    \normalfont\bfseries #1} % \labelsep标签间距，默认0.5 em
```

列表 enumerate、itemize 的默认参数如表 5.5 所示。

表 5.5   编号列表默认参数表

环境	层	Label	默认	Counter	默认
enumerate	1	\labelenumi	\theenumi.	\theenumi	\arabic{enumi}
	2	\labelenumi	(\theenumii)	\theenumii	\alph{enumi}
	3	\labelenumiii	\theenumiii.	\theenumiii	\roman{enumi}
	4	\labelenumiv	\theenumiv.	\theenumiv	\Alph{enumiv}
itemsize	1	\labelitemi	\textbullet	....	•
	2	\labelitemii	\textendash	....	–
	3	\labelitemiii	\textasteriskcentered	....	*
	4	\labelitemiv	\textperiodcentered	....	·

在 enumerate 列表中，编号样式按照 1.→(a)→i.→A 的顺序嵌套，分别代表 \theenumi、\theenumii、\theenumiii、\theenumiv 的值。你可以通过计数器命令来指定编号样式，不过要额外加上一个星号，比如 \arabic* 表示阿拉伯数字。看下面一个例子：

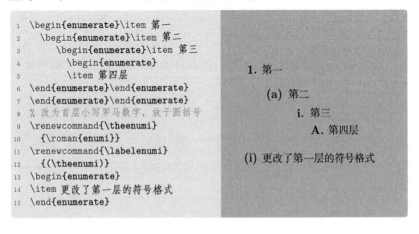

```
1  \begin{enumerate}\item 第一
2    \begin{enumerate}\item 第二
3      \begin{enumerate}\item 第三
4        \begin{enumerate}
5        \item 第四层
6  \end{enumerate}\end{enumerate}
7  \end{enumerate}\end{enumerate}
8  % 改为首层小写罗马数字，放于圆括号
9  \renewcommand{\theenumi}
10   {\roman{enumi}}
11 \renewcommand{\labelenumi}
12   {(\theenumi)}
13 \begin{enumerate}
14 \item 更改了第一层的符号格式
15 \end{enumerate}
```

1. 第一

  (a) 第二

    i. 第三

      A. 第四层

(i) 更改了第一层的符号格式

你也可以在 ctex 宏包被调用（包括 ctex 文档类被使用）时，在导言区加入如下内容：

```
1  \AddEnumerateCounter{\chinese}{\chinese}{}
```

这样就可以将汉字指定为编号样式了。

宏包 **enumitem** 可添加参数于列表后，像 \begin{list} [options]。

- label：定义 enumerate 环境的编号样式，或者 itemize 环境的符号样式。
- ref：设置嵌套序号格式，比如[ref=\emph{\alph*}]表示引用的上层序号是强调后的小写字母。你也可以这样写：[label=\alph{enumi}.\roman*]。
- label*：加在 enumerate 上层序号上，比如上层是 2，那么就是 2.1, 2.1.1, ⋯。
- font/format：设置label的字体。如果环境是description，那么就会设置 \item 命令后方括号内的文本字体。
- align：对齐方式默认 right，也可以选择 left/parleft。
- start：初始序号。start=2 表示初始序号是 2、b、B、ii 或 II。
- resume：不需赋值的布尔参数，表示接着上一个 enumerate 环境的结尾进行编号。
- resume*：不需赋值的布尔参数，表示完全继承上一个 enumerate 环境的参数。如果你常常使用这个命令，可以新定义一个列表环境。
- series：给当前列表起名（比如 mylist），可以在后文中用

resume=mylist 进行继续编号。

- style: 定义 description 列表的样式。
    - standard: label 放在盒子中。
    - unboxed: label 不放在盒子中，避免异常长度或空格。
    - nextline: 如果 label 过长，text 会另起一行。
    - sameline: 无论 label 多长，text 从 label 同一行开始。
    - multiline: label 会被放在一个宽为 leftmargin 的 parbox 中。

在列表定义中可能碰到的参数如图 5.3 所示，图中加粗加斜的参数只被该宏包 enumitem 支持，而不被原生 LaTeX 支持。

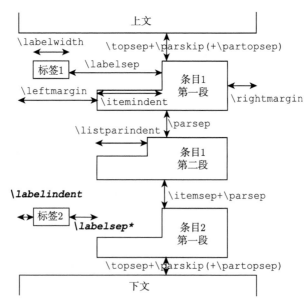

图 5.3 列表长度参数总图

图 5.3 中的竖直空距 topsep、partopsep、parsep、itemsep，以及水平空距 left/rightmargin、listparindent、labelwidth、abelsep、itemindent 都是可以直接以 key=value 的形式写在列表环境后作为参数的。

命令 \setlist，用于定义列表环境的样式，包括嵌套列表样式。

```
1  \setlist[enumerate]{label=\alph*, ref=\Alph*}
2  \setlist[enumerate,2]{label=\arabic*, ref=\theenumi.\arabic*}
3  \setlist[itemize]{label=$\bullet$, leftmargin=\parindent}
4  \setlist[description]{font=\bfseries\uline}
```

最后，说一下行内列表。在加载 **enumitem** 宏包时使用 inline 选项即可启用行内列表，环境名是 enumerate*。参数有如下内容：

- beforeL：在行内列表插入前的文本，一般是冒号。
- itemjoin：各 \item 之间的文本，一般是逗号或者分号。
- itemjoin*：倒数第二个与最后一个 \item 间的文本，一般是 "，and" 或者 "，还有" 之类。

接下来看几个小例子。description 环境如下所示：

```
1  \begin{description}
2  [font=\bfseries\uline]
3      \item[这]是粗体。
4      \item[这]也是。
5  \end{description}
```

<u>**这**</u> 是粗体。
<u>**这**</u> 也是。

编号数字左端与左页边平齐。

```
1  \begin{enumerate}[leftmargin=*]
```

Here we go. This is a very long sentence and you will find that it goes to the second line in order to show how long its parindent is.

1. The left sides
2. of the label number
3. have equal indent with
4. the text parindent.

编号数字左端与段首缩进位置平齐。

```
1  \begin{enumerate}[labelindent=\parindent,leftmargin=*]
```

Here we go. This is a very long sentence and you will find that it goes to the second line in order to show how long its parindent is.

    1. The left sides
    2. of the label number
    3. have equal indent with
    4. the text parindent.

编号项目正文与段首缩进位置平齐。

```
1  \begin{enumerate}[leftmargin=\parindent,start=3]
```

Here we go. This is a very long sentence and you will find that it goes to the second line in order to show how long its parindent is.

3. An item can be extremely long. You cannot know how its parindent works if it is too short to reach the second line.
4. This is short.

标签加框如下所示：

```
1  \begin{enumerate}[label=\fbox{\Roman*},labelindent=\parindent]
```

> Here we go. This is a very long sentence and you will find that it goes to the second line in order to show how long its parindent is.
>
> I An item can be extremely long. You cannot know how its parindent works if it is too short to reach the second line.
>
> II This is short.

最后，本书使用了如下 5 种：

```
1   \begin{description}[font=\bfseries\uline,labelindent=\parindent,
2       itemsep=0pt,parsep=0pt,topsep=0pt,partopsep=0pt]
3   \begin{description}[font=\bfseries\ttfamily,itemsep=0pt,
4       parsep=0pt,topsep=0pt,partopsep=0pt]
5   \begin{enumerate}[font=\bfseries,labelindent=0pt,itemsep=0pt,
6       parsep=0pt,topsep=0pt,partopsep=0pt]
7   \begin{itemize}[font=\bfseries,itemsep=0pt,parsep=0pt,
8       topsep=0pt,partopsep=0pt]
9   % 行内列表定义
10  \newenvironment{inlinee}
11      {\begin{enumerate*}[label=(\arabic*), font=\rmfamily,
12      before=\unskip{: }, itemjoin={{; }}, itemjoin*={{, 以及: }}]}
13      {\end{enumerate*}. }
```

5.8　BibTeX 参考文献

首先说一下 BibTeX 参考文献的基本使用。通过重定义 \refname 或 \bibname，前者是 **article** 类，后者是 **book** 类，可以更改参考文献章节的标题名称。这点在 3.5.5 节已经介绍过。

关于参考文献如何编号并加入目录中，请参考 3.5.5 节。

```
1  \renewcommand{\bibname}{参考文献}
```

在文献目录之前、文献标题之下，用 \bibpreamble 插入一段文字。

```
1  \renewcommand{\bibpreamble}{以下是参考文献：}
```

用 \bibfont 更改参考文献的字体。

```
1  \renewcommand{\bibfont}{\small}
```

用 \citenumfont 定义在正文中引用时文献编号的字体。

```
1  \renewcommand{\citenumfont}{\itshape}
```

用 \bibnumfmt 定义文献目录的编号，默认是 [1], ⋯ 形式。比如改成如下所示的加点形式。

```
1  \renewcommand{\bibnumfmt}[1]{\textbf{#1.}}
```

文献项之间的间距更改，调整 \bibsep 即可。

```
1  \setlength{\bibsep}{1ex}
```

5.8.1　natbib 宏包

文献宏包首推 natbib，不推荐 cite。natbib 宏包的加载选项如下所示。

- round：（默认）圆括号。
- square/curly/angle：方括号/花括号/尖括号。
- semicolon/comma：分号/逗号作为文献序号分隔符。
- authoryear："作者 + 年代（AuY）"模式显示参考文献。
- numbers："数字编号（num）"模式显示参考文献。
- super：参考文献显示在上标。
- sort(&compress)：排序文献序号（并压缩[1]）。
- compress：压缩但不排序。

---

[1] 压缩是指，连续三个或以上的序号会显示为如 2–4 的形式。

- longnamefirst：长名称在前，缩写名称在后。
- nonamebreak：防止作者名称中间出现断行。可能造成 Overfull 坏箱，但能解决某些 hyperref 异常。
- merge：允许 * 形式的引用。
- elide：在 merge 选项引用中，省略相同的作者或年份。

你也可以通过 **natbib** 宏包提供的 \setcitestyle 命令来定义宏包选项。

- 引用模式：authoryear、number 与 super 三种，含义已在上述加载选项列表中列出。
- 引用分隔符：semicolon、comma，或者用 citesep={sep} 来指定。
- 作者与年代间的符号：aysep={sep}。
- 同作者下多个年代间的符号：yysep={sep}。
- 说明文字后的符号：notesep={sep}。

默认的参数如下：

```
1  \setcitestyle{authoryear,round,comma,aysep={;},
2      yysep={,},notesep={, }}
```

除了 LATEX 原生的 \cite 命令，**natbib** 宏包还提供了表 5.6 所示的引用命令。

5.8.2　BIBTEX 使用

BIBTEX通过单独的 bib 扩展名文件管理文献，使多文档方便地共用一份文献列表（可以指引用其中的部分文献）成为可能。使用时请确保如下几点。

表 5.6　natbib 宏包命令表

使用 \Citet、\Citep、\Citealt 和 \Citealp 确保姓名首字母大写		
\citet & \citet*		
AuY	citet{jon90}	⇒ Jones et al. (1990)
	citet[chap.2]{jon90}	⇒ Jones et al. (1990, chap.2)
	citet{jon90, jam91}	⇒ Jones et al. (1990); James et al. (1991)
	citet*{jon90}	⇒ Jones, Baker, and Williams (1990)
num	citet{jon90}	⇒ Jones et al. [21]
	citet[chap.2]{jon90}	⇒ Jones et al. [21, chap.2]
\citep & \citep*		
AuY	citep{jon90}	⇒ (Jones et al., 1990)
	citep[chap.2]{jon90}	⇒ (Jones et al., 1990, chap.2)
	citep[see][]{jon90}	⇒ (see Jones et al., 1990)
	citep[see][chap.2]{jon90}	⇒ (see Jones et al., 1990, chap.2)
	citep{jon90, jon91}	⇒ (Jones et al., 1990, 1991)
	citep*{jon90}	⇒ (Jones, Baker, and Williams, 1990)
num	citep{jon90}	⇒ [21]
	citep[chap.2]{jon90}	⇒ [21, chap.2]
	citep[see][]{jon90}	⇒ [see 21]
	citep[see][chap.2]{jon90}	⇒ [see 21, chap.2]
	citepjon90a,jon90b	⇒ [21, 32]
\cite		
AuY	此模式下与 \citet 相同	
num	此模式下与 \citep 相同	
\citealt: 与 \citet 相似，但没有括号		
\citealp: 与 \citep 相似，但没有括号		
\citenum: 引用文献编号		
\citetext: 打印一段文本		
\citeauthor & \citeauthor*: 引用文献的作者，带星表示显示该文献的全部作者		
\citeyear & \citeyearpar: 引用文献的年份，par 的意思是在文献外加括号		

- 确保你的文档定义了 \bibliographystyle 类型。LᴬTEX 预定义的类型包括下面几种。

  ■ plain: 按照第一作者字母顺序排序，"作者. 文献名. 出版商或刊物，出版地，出版时间. "。

- ■ plainnat：宏包 **netbib** 提供的 plain 样式。
- ■ unsrt：按引用顺序排序。
- ■ alpha：按作者名称和出版年份排序。
- ■ abbrv：缩写形式。
- 在文档中插入了 \cite 等命令。
- 在参考文献列表位置插入了 \bibliography 命令①。

一个简单的例子如下：

```
1  \bibliographystyle{plain}
2  \begin{document}
3      ...
4      ... and published here\cite{Smith93TRB}.
5      ...
6      \bibliography{myBib}
7  \end{document}
```

然后在 myBib.bib 文件中，你需要有类似这样的条目。等号后使用花括号或引号均可。

```
1  % 如果引用期刊
2  @article{Smith1993TRB,
3      author = {作者，多个作者用 and 连接},
4      title = {标题},
5      journal = {期刊名},
6      volume = {卷20},
7      number = {页码},
8      year = {年份},
9      abstract = {摘要，引用的时候自己参考，非必须}}
10 % 如果引用书籍
11 @book{Smith1993TRB,
12     author ="作者",
13     year="年份2008",
14     title="书名",
15     publisher ="出版社名称"}
```

---

① 如果你在正文中使用 \nocite{ref-name} 命令，则可以把 bib 文件中未引用的文献也加入到列表。如果想全部加入，在正文中使用 \nocite{*} 命令。

这里只介绍了 **article** 和 **book** 两种类型。更多的文献类型及其使用条目选项，参考表 5.7。另外，可以参考本书电子文档的 bib 文件。

表 5.7　BibTeX文献类型总表

文献类型	条目选项
article	期刊文献 必要：author, title, journal, year 选填：volume, number, pages, month, note
book	公开出版图书 必要：author/editor, title, publisher, year 选填：volume/number, series, address, edition, month, note
booklet	无出版商或作者的图书 必要：title 选填：author, howpublished, address, month, year, note
conference/ **inproceedings**	无出版商或作者的图书 必要：title 选填：author, howpublished, address, month, year, note
inbook	书籍章节 必要：author/editor, title, chapter and/or pages, publisher, year 选填：volume/number, series, type, address, edition, month, note
incollection	书籍含独立标题的章节，比如论文集的一篇 必要：author, title, booktitle, publisher, year 选填：editor, volume/number, series, type, chapter, pages, address, edition, month, note
manual	技术手册 必要：title 选填：author, organization, address, edition, month, year, note
mastersthesis	硕士论文 必要：author, title, school, year 选填：type, address, month, note
misc	其他 选填：author, title, howpublished, month, year, note
phdthesis	博士论文 必要：author, title, year, school 选填：address, month, keywords, note
techreport	教育，商业机构的技术报告 必要：author, title, institution, year 选填：type, number, address, month, note
unpublished	未出版的论文或图书 必要：author, title, note 选填：month, year

许多文献检索页面（比如 Google 学术）都支持导出 BIBTEX 文本，将其粘贴到你的 bib 文件中即可。

最后，你可能需要编译 X⅁LATEX，编译 BIBTEX，再连续编译两次 X⅁LATEX 来建立你的文档。

5.9　索引

使用 **makeidx** 宏包来建立索引。索引标题通过重定义 \index-name 更改。

- 在导言区加载 **makeidx** 宏包，并输入 \makeindex 开始收集索引。
- 在文中使用 \index 命令来插入索引标签。
- 在需要插入索引列表的位置输入 \printindex。

索引命令 \index 的用法如表 5.8 所示。注意，这 4 种符号 !、1、@ 和 '' 如果要写在参数中，请在它们之前添加一个双引号。

表 5.8　索引命令 **\index** 的使用

例子	效果
!: 分级索引，最多三级	
hello	hello, 1
hello!Foo	Foo, 2
hello!Foo!bar	bar, 3
@: 格式化，"排序字串 @ 显示样式"	
alpha@α	α, 4
BOLD@\textbf{BOLD}	**BOLD**, 5
|: 页码显示	
wow|(	
wow|)	wow, 6–13
Meow|textbf	Meow, **14**
Meow|see{hello}	Meow, *see* hello
Meow|seealso{wow}	Meow, *see also* wow

此外，**imakeidx** 宏包可能更强，它允许索引分组。

```
1  \makeindex[title={Group 1}]
2  \makeindex[title={Group 2},name=another]
3  % 以上在导言区，且需要\usepackage{imakeidx}
4    ...\index{...}
5    ...\index[another]{...}
6  \printindex
7  \printindex[another]
```

定制索引样式可使用 **imakeidx** 宏包。另一个宏包 **idxlayout** 也能实现这些功能，不过需要放置在前者之后加载。

要将索引章节正常编号或编入目录项，可以在 \makeindex 中添加 "intoc" 选项值，或者参考 3.5.5 节使用 **tocbibind** 宏包相关内容。

索引默认是按照字母排序的。 建立中文索引时， 可以参考 **zhmakeindex**宏包，它能够自动注音。本书并没有使用该宏包，而是采用表 5.8 中的语法，自行注音完成的。例如，将 "表格" 一词加入索引：

```
1  \newcommand{\zhindex}[2]{{\index{#2@#1}}}
2  \zhindex{表格}{biaoge}
```

最后，如果读者有制作词汇表的需求，请参考 **glossary** 宏包。

5.10　公式与图表编号样式

5.10.1　取消公式编号

要取消单行公式的编号，用 \[\] 或者 equation* 环境，代替 equation 环境。

要取消多行公式中某行的编号，使用 **amsmath** 宏包的 `\notag` 或 `\nonumber` 命令。命令放在对应行的末尾即可。该方法同样适用于 equation 环境。

要取消多行公式中所有行的编号，请使用 align* 环境而不是 align 环境。你可以参考 4.3.7 节内容。

5.10.2 增加公式编号

amsmath 宏包提供了增加编号的 `\tag` 命令。

```
1  \[a^2>0 \tag{$\star$}\]
2  \begin{equation}
3  b^2 \geqslant 0
4  \tag*[Axiom]}
5  \end{equation}
```

$$a^2 > 0 \qquad (\star)$$

$$b^2 \geqslant 0 \qquad [\text{Axiom}]$$

其中，`\tag*` 命令会去掉公式编号的小括号，以方便用户定义格式。如果想在多行公式中的某行添加编号，使用 `\numberthis` 命令。

5.10.3 父子编号：公式 1 与公式 1a

有时你需要叙述一些推论，不希望这些推论被编号为公式，但是不进行编号又难以叙述。这时可以尝试 **amsmath** 宏包提供的 sub-equations 环境。

父子编号样式的定义参考 5.10.5 节。还有一种利用计数器的方式，可以插入公式 1 和公式 1' 这样的效果，但是实现起来稍显麻烦，参考 5.10.5 节。

```
1  \begin{subequations}
2  上文
3  \begin{align}
4  A' &=B+C \\
5  X &=0 \nonumber \\
6  D' &=E \times F
7  \end{align}
8  下文
9  \end{subequations}
```

上文
$$A' = B + C \qquad (5.2a)$$
$$X = 0$$
$$D' = E \times F \qquad (5.2b)$$
下文

5.10.4 在新一节重新编号公式

我们只需要 \numberwithin 命令进行设置。

```
1  \numberwithin{equation}{section}
```

对于 **article** 文档类，编号显示为 $(2.1), (2.2), \cdots$; 对于 **chapter** 等文档类，编号显示为 $(1.2.1), (1.2.2), \cdots$。

5.10.5 公式编号样式定义

通过控制计数器的方式可以方便地自定义公式编号样式。

```
1  % 更改为: (2-i), (2-ii)
2  \renewcommand{\theequation}{\thechapter-\roman{equation}}
3  % 父子公式编号样式，在subequation环境内使用
4  % 效果: (4.1-i), (4.1-ii)
5  \renewcommand{\theequation}
6    {\theparentequation-\roman{equation}}
```

公式 1 和公式 1' 的实现方法如下：

```
1  \begin{equation}\label{eq:example}
2      A=B,\ B=C
3  % 需要标记的公式内部给myeq计数器赋值
4  \setcounter{myeq}{\value{equation}}
5  \end{equation}
6  插入另一个式子：
7  \begin{equation}
8      D>0
9  \end{equation}
10 由式\ref{eq:example}可以推出式\ref{eq:example'}：
11 \begin{equation}\label{eq:example'}
12     \tag{\arabic{chapter}.\arabic{myeq}$'$}
13     A=C
14 \end{equation}
```

5.11 附录

附录可以在其开始处使用下述命令，此后的最高大纲级别编号会变为大写英文字母 A, B, C, $\cdots$。

```
1  \appendix
```

你也可以使用 **appendix** 宏包。加载时常用的选项如下所示。

- titletoc：目录中显示为 Appendix A 而不是只有一个 A。如果你不喜欢 Appendix 这个名称，用重定义 \appendixname 命令即可。
- header：在附录页的标题前插入同样的名称。

附录一般出现在 document 环境内部的最后。

```
1  % 导言区：\usepackage[titletoc]{appendix}
2  \begin{appendices}
3  \renewcommand{\thechapter}{\Alph{chapter}}
4  \titleformat{\chapter}[display]{\Huge\bfseries}
5      {附录\Alph{chapter}}{1em}{}
6  \chapter{...} ...
7  \end{appendices}
```

本书使用的是 \appendix 命令，并在其后重定义了 **chapter** 的显示样式。读者可以参考源码。

5.12　自定义浮动体*

可以使用 **newfloat** 宏包自定义浮动体。

```
1  \DeclareFloatingEnvironment[options]{float-name}
```

选项包括如下内容。

- name：标签内容，如 name= 插图。
- listname：目录名，如 listname= 插图目录。
- fileext：目录文件扩展名，默认是 float-name 前加 lo。
- placement：位置参数 htbp。
- within：父计数器名称，比如 chapter。可以设为 none。
- chapterlistsgaps：赋值 on/off，即是否允许浮动体目录中，不同章节的浮动体间有额外的空距。

要输出浮动体目录，请插入命令 \listof[float-name]s。

5.13　编程代码与行号*

5.13.1　listings 宏包

编程代码不是用 verbatim 环境输出的。这里，**listings** 宏包是个好选择。你可以打开它的宏包文档查看它支持的编程语言，包括 C/C++、Python、Java 等。当然还有 LaTeX，如果它也算编程语言的话。你也可以自定义一个全新的语言。预定义或自定义的语言均可

用 \lstset 命令来设置。

```
1  \lstdefinelanguage{languagename}{key=value}
2  % 设置
3  \lstset{language=languagename, key=value}
```

可调整的参数包括如下内容。

- language：用于 \lstset 中，表示设置只对该语言生效。该参数有可选参数，比如 [Sharp]C 表示 C#。具体需要查看 **listings** 宏包。

- basicstyle：基础输出格式，一般是 \small\ttfamily}。

- commentstyle：注释样式。

- keywordstyle：保留词样式。

- sensitive：保留词是否区分大小写，默认 false，可选 true/false。

- stringstyle：字符串样式。

- showstringspaces：显示字符串中的空格。

- numbers：行号样式，默认 none，可选 left/right。

- stepnumber：默认是 1，即每行都显示行号。

- numberfirstline：默认 false，即如果 stepnumber>1，首行不显示数字。

- numberstyle：行号样式。

- numberblanklines：默认 true，即在空白的代码行也显示行号。

- firstnumber：默认 auto，可选 last 或填入数字，表示起始行号。

- frame：默认 single，即 trbl，分别表示 top、right、buttom、left 四条边的线都是单线。如果想把某边变为双线，可改为大写，如 trBL。

- frameround：在 \lstset 中，从右上角顺时针设置，代码框为直角或圆角，比如 ftttt 表示仅右上为直角。

- framerule：代码框的线宽。

- backgroundcolor：定义 frame 里代码的背景色，如 \color-{red}。

- belowskip：默认 \medskipamount，代码框下端到正文的竖直距离。

- aboveskip：与 bellowskip 类似，代码框上端到正文的竖直距离。

- columns：设置行内单词间距的处理方式。fixed 选项会强行按列对齐，可能产生字母覆盖问题；space-flexible 选项会调整现有空距来对齐列；flexible 选项可能在原本无空距的地方插入空距来对齐；而 fullflexible 选项（本文使用）则完全不管列对齐。

- emptylines：设置最多允许的空行，比如 =1，即会使多于 1 行的空行全部删除，并不计入行号。如果写为 =*1，即被删除行的行号仍然会保留计数。

- esacpeinside：暂时脱离代码环境而输入一些 LATEX 支持的命令，比如临时输入斜体。一般设置为一对重音符号（键盘数字 1 左侧的符号）。

代码环境的调用方式是 lstlisting 环境。

```
1  \begin{lstlisting}[language=Python]
2  for loopnum in lst:
3      sum += lst[loopnum]
4  \end{lstlisting}
```

也可以利用 \lstnewenvironment 命令定义代码输出环境。

```
1  \lstnewenvironment{envi-name}
2      [opt][opt default]
3      {before-code}{after-code}
4  % 调用:
5  \begin{envi-name}...\end{envi-name}
```

如果只想在行内输出,可以用 \lstinline 定义。

```
1  \newcommand{\inlatexline}[1]{{\lstinline
2      [language=TeX,basicstyle=\small\ttfamily]{#1}}}
3  % 要防止"#include"双写"#",请调用 xparse 宏包
4  \NewDocumentCommand{\cppline}{v}{{\lstinline
5      [language=C++]{#1}}}
```

有时候,一些关键词并没有被宏包成功高亮,或者你需要更多种类的高亮方式,这时候可以自己设置。

```
1  \lstset{language=..., classoffset=0,
2      morekeywords={begin,end},
3      keywordstyle=\color{brown},
4      classoffset=1,...}
```

除了 morekeywords 外,可以这样使用:

```
1  \lstdefinestyle{...}{
2      morecomment=[l]{//}, % 单行注释
3      morecomment=[s]{/*}{*/}, % 多行注释,不可嵌套
4      morecomment=[n]{(*}{*)}, % 多行注释,可嵌套
5      morestring=[b]", % 字符串
6  % 如果想在字符串内输出该符,前加反斜杠即可
```

在复制代码环境的时候,怎么才能不复制前面的行号呢?在导言区加上如下内容:

```
1  \usepackage{accsupp}
2  \newcommand{\emptyaccsupp}[1]
3    {\BeginAccSupp{ActualText={}}#1\EndAccSupp{}}
4  % 在lstset的numberstyle中加入
5  ...numberstyle=...\emptyaccsupp...,
```

并请用 Adobe Reader 等功能健全的 pdf 阅读器打开 pdf 文件! 如果是 Sumatra 阅读器，其仍然可能会选中前面的行号。

最后，给出我通常使用的 LᴬTEX 的 \lstset，颜色另行定义。

```
1  % \emptyaccsupp 来自前文利用宏包 accsupp 的自定义
2  \lstset{language=[LaTeX]TeX,
3    basicstyle=\small\ttfamily,
4    commentstyle=\color{commentcolor},
5    keywordstyle=\color{keywordcolor},
6    stringstyle=\color{stringcolor},
7    showstringspaces=false,
8    % Package/Tikz-Lib Using
9    classoffset=0,
10   morekeywords={begin,end,usetikzlibrary},
11   keywordstyle=\color{keywordcolor},
12   classoffset=1,
13   morekeywords={article,report,book,xeCJK,tikz,calc},
14   keywordstyle=\color{packagecolor},
15   classoffset=2,
16   morekeywords={document,tikzpicture},
17   keywordstyle=\color{envicolor},
18   % Line Number Style
19   numbers=left,stepnumber=1,
20   numberstyle=\tiny\emptyaccsupp,
21   % Frame and Background Color
22   frame=single,framerule=0pt,
23   backgroundcolor=\color{backcolor},
24   % Spaces
25   emptylines=1,escapeinside=``}
```

5.13.2　tcolorbox 宏包

本书在修订过程中发现了一个可以方便地"一侧写源代码，另一侧展示结果"的宏包，名叫 tcolorbox；因此后来基本用其替换了原有

的 listings 宏包，但是引擎仍然使用的是 listings。在使用新宏包时
也需要借助旧宏包选项来设置引擎。

在 tcolorbox 宏包支持下，我使用 \newtcblisting 定义了
LaTeX 代码环境。

```
1  \usepackage{tcolorbox}
2    \tcbuselibrary{listings,skins,breakable}
3  % listings是代码展示引擎，breakable为了可跨页
4  \newtcblisting{latex}{breakable,skin=bicolor,colback=gray!30!white,
5    colbacklower=white,colframe=cyan!75!black,listing only,
6    left=6mm,top=2pt,bottom=2pt,fontupper=\small,
7    % listing style
8    listing options={style=tcblatex,
9    keywordstyle=\color{blue},commentstyle=\color{green!50!black},
10   numbers=left,numberstyle=\tiny\color{red!75!black}\emptyaccsupp,
11   emptylines=1,escapeinside=}}
```

其中很多选项意义显然，就不赘述了。需要指明的有下面几点。

- skin：bicolor，让源代码和显示结果可以分开设置背景色。
- colbacklower：背景色。tcolorbox 分为两段，下段（或右
  段）叫 lower。
- fontupper：上段（或左段）叫 upper，这是设置在进入 upper
  前插入的格式命令，不局限于字号。
- 代码展示参数：该参数经常用到如下参数。
  - listing only：仅展示源代码，也有 text only 选项。
  - listing and text：上段源代码，下段结果。本书的
    codeshowabove 环境采用该参数。如果 text 与 listing
    交换，表示上段结果，下段源代码。
  - listing side text：左段源代码，右段结果。本书的
    codeshow 环境就采用了该参数。同样也可以交换，变成
    左段结果，右段源代码。

- listing outside text：用法同上，只是结果"看起来"在盒子外。

* listing option：除了特殊的 style 字段，这些参数都会被传递给引擎（本书是 **listings** 宏包）。style=tcblatex 是 **tcolorbox** 宏包预定义的。

该环境也支持使用可选参数，用法类似原生 \newcommand 命令。但是，如果只有一个参数且它是可选的，请使用 \NewTCBListing 命令（需要用 \tcbuselibrary 命令加载 **xparse** 库）以避免可能的问题。例如本书电子文档的 *TikZ* 章节使用了 [①] 如下命令：

```
1  % 调用可无参或单参，例：\begin{tikzshow}
2  % 或 \begin{tikzshow}[scale=2,very thick]
3  \NewTCBListing{tikzshow}{ O{} }{
4    tikz lower={#1},
5    halign lower=center,valign lower=center,
6    skin=bicolor,colback=gray!30!white,
7    colbacklower=white,colframe=cyan!75!black,
8    left=6mm,righthand width=3.5cm,listing outside text,
9    listing options={language=tikzlang}
10 }
```

其中，O 这种用法请参考 **xparse** 宏包文档，常用的有必选参数 m、可选参数 o、可选参数并指定默认值是 O{<default>}。

通过该宏包的 \newtcbox 命令，可以实现对命令、环境、宏包的高亮。下面给出对宏包名称高亮的例子，参数含义不赘述。

```
1  \newtcbox{\pkg}[1][orange!70!red]{on line,
2    before upper={\rule[-0.2ex]{0pt}{1ex}\ttfamily},
3    arc=0.8ex,colback=#1!30!white,colframe=#1!50!black,
4    boxsep=0pt,left=1.5pt,right=1.5pt,top=1pt,bottom=1pt,
     boxrule=1pt}
```

---

① 宏包目前存在tikz lower 参数传递问题，但该错误在 TEX Live 2018 及之后的版本中已被修复。请参考本书源码。

实际上，tcolorbox 的强大之处远不止此，它能做出颜值很高的箱子样式。更多的内容请自行查阅其宏包文档学习。最后，附上 tcolor-box 预定义的 tcblatex 的 style 选项 [①]，这是用 TeX 编写的，有余力的读者可以研究学习。

```
1  \lstdefinestyle{tcblatex}{language={[LaTeX]TeX},
2    aboveskip={0\p@ \@plus 6\p@}, belowskip={0\p@ \@plus 6\p@},
3    columns=fullflexible, keepspaces=true,
4    breaklines=true, breakatwhitespace=true,
5    basicstyle=\ttfamily\small, extendedchars=true, nolol,
6    inputencoding=\kvtcb@listingencoding}
```

5.13.3 行号

使用 lineno 宏包可生成行号，在此简单介绍宏包选项。

- left：默认选项，行号出现在左页边。
- right：行号出现在右页边。
- switch：对于双页排版的文档，偶数页左页边，奇数页右页边。
- switch*：对于双页排版的文档，置于内侧页边。
- running：默认选项，整个文档进行计数。
- pagewise：每页行号从 1 计数。
- modulo：每 5 行显示行号。
- displaymath：自动将 LaTeX 默认行间公式放在新定义的 linenomath 环境中。
- mathline：如果使用了 linenomath 环境，则对其中的数学公式也编行号。

---

① 该定义位于texmf-dist/tex/latex/tcolorbox/tchlistings.code.tex中。

如果你想开始编号，使用 \linenumbers[number] 命令，其中 number 表示起始行号，并用 \nolinenumbers 来结束。或者使用 (running)linenumbers 环境，并且仿前设置起始行号。如果使用 \linenumbers*、\runninglinenumbers 或者 linenumbers*、runninglinenumbers* 环境，那么行号会自动从 1 开始。

你可以使用 \resetlinenumber[number]，在某处把行号设置为某个数值。

如果想要每 N 行显示行号，使用 \modulolinenumbers[N] 命令。

```
1  \begin{linenumbers}
2      \modulolinenumbers[3]
3      ...TEXT...
4  \end{linenumbers}
```

本节的 subsection 后到代码段前的所有内容，就是包含在上述环境中的。

参 考 文 献

[1] Casteleyn J P. Visual TikZ (version 0.62). IUT Génie Thermique et Énergie, 2016. http://tug.ctan.org/info/visualtikz/VisualTikZ.pdf.

[2] Lamport L. LATEX: A Document Preparation System, 2/e. Pearson Education India, 1994.

[3] Mittelbach F, Goossens M, Braams J, et al. The LATEXcompanion. Addison-Wesley Professional, 2004.

[4] Partl H, Hyna I, Schlegl E. 一份不太简短的 LATEX2ε 介绍. China TEX论坛译, 2016.

   English: https://www.ctan.org/tex-archive/info/lshort/english.

   中文: https://github.com/CTeX-org/lshort-cn/releases.

[5] Tantau T. TikZ and PGF Packages: Manual for version 3.0.1a. 2015.

[6] 刘海洋. LATEX入门. 电子工业出版社, 2013.

附录 A　注音符号

表A.1　注音符号与特殊符号

符号	命令	符号	命令	符号	命令	符号	命令
ō	\=o	ó	\'o	ȯ	\.o	ő	\H{o}
ô	\^o	ö	\"o	o̧	\b{o}	o͡o	\t{oo}
o̧	\d{o}	ŏ	\u{o}	ô	$\hat{o}$	ȷ	\j
õ	$\tilde{o}$	Ø	\O	ı	\i	Æ	\AE
ø	\o	Å	\AA	æ	\ae	¿	?`
å	\aa	Œ	\OE	¡	!`		
œ	\oe	ǒ	\v o	ò	\`o		

表A.2　国际音标输入表（部分）

符号	命令	符号	命令	符号	命令
ʣ	\textdzlig	ʃ	\textesh	ʧ	\textteshlig
ʤ	\textdyoghlig	ʌ	\textturnv	ə	\textschwa
ɡ	\textscriptg	θ	\texttheta	ʊ	\textupsilon
ɑ	\textscripta	ð	\dh	ɛ	\textepsilon
ɔ	\textopeno	ʒ	\textyogh	ŋ	\ng
ˈ	\textprimstress	ˌ	\textsecstress	ː	\textlengthmark

注：\dh 命令在非CJK文档中有时编译会出现问题。

附录 B 建议与其他

除了参考文献中给出的图书以外，我还推荐你用控制台在 TeX Live 中找到的以下图书。

- texdoc usrguide：TeX Live 自带的用户手册。
- texdoc clsguide：TeX Live 自带的文档类和宏包编写手册。
- texdoc fntguide：TeX Live 自带的字体使用手册。
- texdoc symbols-a4：一份速查表，基本上所有的 LaTeX 字符命令都在这里。
- texdoc latexcheat：很有趣的命令表，只有两页。
- texdoc impatient：*TeX for the Impatient*，一本介绍底层 TeX 的书。这也是我阅读的第一本 TeX 书，高德纳的 *The TeX book* 虽然血统正但是难啃啊。本书中译本在：https://bitbucket.org/zohooo/impatient/wiki/Home。
- texdoc texbytopic：*TeX by Topic*，个人觉得不如上面那本，但也许只是叙述方式不一样吧。

你可能还需要的功能有：

mhchem 宏包用于输入化学式，提供了 \ce 命令。

附录 C　索引：关键词

附录 D　索引：常用命令

硅谷之火：个人计算机的诞生与衰落（第 3 版）

本书以纪实的手法呈现了20世纪50年代至80年代硅谷关键发展时期的创业创新历程，以宏大的视野深度分析了硅谷成功的经验，并探讨了硅谷的发展趋势。

书号： 978-7-115-51682-4
定价： 99.00 元

黑客与画家：硅谷创业之父 Paul Graham 文集

本书是硅谷创业之父Paul Graham的文集，主要介绍黑客即优秀程序员的爱好和动机，讨论黑客成长、黑客对世界的贡献以及编程语言和黑客工作方法等话题。

书号： 978-7-115-24949-4
定价： 49.00 元

技术改变世界 · 阅读塑造人生

第一行代码——Android（第3版）

本书被Android开发者广为推荐。全书系统全面、循序渐进地介绍了Android软件开发的必备知识、经验和技巧。第3版基于Android 10.0对第2版进行了全面更新，不仅将所有知识点都在Android 10.0系统上进行了重新适配，同时加入Kotlin语言的全面讲解，使用Kotlin对全书代码进行重写，而且还介绍了最新系统特性以及Jetpack架构组件的使用，使本书更加实用。

书号：978-7-115-52483-6
定价：99.00 元

自然语言处理入门

本书从基本概念出发，逐步介绍中文分词、词性标注、命名实体识别、信息抽取、文本聚类、文本分类、句法分析这几个热门问题的算法原理与工程实现。书中通过对多种算法的讲解，比较了它们的优缺点和适用场景，同时详细演示生产级成熟代码，助你真正将自然语言处理应用在生产环境中。

书号：978-7-115-51976-4
定价：99.00 元